Réflexions sur la science et quelques flâneries

Abécédaire

Ouvrages du même auteur
(notamment)

Livres

(comme auteur)

L'anneau des disciplines, Rev. Int. Syst., n° spécial, 5, n° 3, 1991 et édition posthume complétée, en ligne, Association Française des Sciences Cognitives et Techniques, Res Systemica, 2010,
http://www.afscet.asso.fr/resSystemica/bailly/bailly.html

Mosaïsme et société. De la tradition à la révolution, Coll. Judaïsmes, L'Harmattan, 2003.

Pouvoir et société. Le regard du mosaïsme, Coll. Judaïsmes, L'Harmattan, 2005.

Mathématiques et Sciences de la nature. La singularité du vivant,

(en collaboration avec Giuseppe Longo), Hermann, 2006 et *Mathematics and the Natural Sciences. The Physical Singularity of Life,* Imperial College Press, 2011.

Sens. Poèmes et textes 1961-2005, L'Harmattan, 2011.

La structure intelligible de l'univers. Variations sur le thème symétries/brisures de symétrie, L'Harmattan, 2015.

Guiseniers, village normand. Son histoire et celles de ses habitants, des origines au 19e siècle, L'Harmattan, 2016.

Toussaint Canival (1734-1814). Histoire d'un citoyen remarquable de Guiseniers en Normandie pendant la Révolution française, L'Harmattan, 2016

Pour un projet d'humanisation. Science, politique et mosaïsme, L'Harmattan, 2017

(comme « éditeur »)

Sens et place des connaissances dans la société, Ed. du CNRS, Vol. 1, 1986, Vol. 2, 1987, Vol. 3, 1987.

Articles dans des ouvrages collectifs, notamment :

Recherche et forces productives, in : (Auto)critique de la science, (A. Jaubert, J.-M. Lévy-Leblond Eds.), Seuil, 1972.

Ordre (en collaboration avec I. Stengers) in : D'une science à l'autre, des concepts nomades (sous la direction de I. Stengers), Seuil, 1987.

Approche des phénomènes critiques en physique, in : Coll. de Cerisy (s. la dir. de J. Petitot) : Logos et théorie des catastrophes. A partir de l'œuvre de R. Thom, Patino, 1989.

Les mathématiques : de la diversité à l'unification (en collaboration avec J. Petitot) in : Encyclopedia Universalis, Symposium, 1990.

Théories physiques et cardinalités mathématiques, in : Colloque de Cerisy (J.-M. Salanskis et H. Sinaceur Eds.) : Le labyrinthe du continu, Springer, 1992.

Symétries (en collaboration avec Rémy Mosseri), in : Dictionnaire d'histoire et de philosophie des sciences (sous la direction de D. Lecourt), PUF, 1999.

Remarks about the program for a formalized epistemology, in : Proposals in Epistemology

Quantum Mechanics, mathematics, cognition and action (sous la direction de M. Mugur-Schächter), Kluwer, 2002.

About the Emergence of Invariances in Phsysics : from "substantial" conservation to formal invariance in : Proposals in Epistemology : Quantum Mechanics, mathematics, cognition and action (sous la direction de M. Mugur-Schächter), Kluwer

Francis BAILLY

Réflexions sur la science et quelques flâneries

Abécédaire

L'Harmattan

Conception de la couverture : Juliette Bailly

5-7, rue de l'Ecole-Polytechnique, 75005 Paris

http://www.editions-harmattan.fr

ISBN : 978-2-343-15358-2
EAN : 9782343153582

SOMMAIRE

Deuxième Partie

Significations

Troisième Partie
Science, Vérité, Rationalité

AVANT-PROPOS

Danielle Bailly

Mai 2018

« Vivre, c'est désirer et être désiré,
vivre, c'est agir et être agi,
vivre, c'est trancher et être tranché ».

Mieux vaut écrire ce que tu penses.
Mieux vaut parler ce que tu écris.
Mieux vaut agir ce que tu parles.
Ainsi, en toi, la vie et la mort se conjoindront comme il convient
et tu pourras accéder au sens et à l'authenticité de ton être et de ton devenir.

Francis Bailly

Francis Bailly est mort en 2009, des suites d'une grave maladie cardiaque. Depuis ses trois infarctus, le premier datant de ses quarante et un ans (1980), il était très conscient de la précarité de sa survie. C'est notamment pourquoi, dès cette même année 1980, il a fixé par écrit ses pensées. Non pas en vue d'une publication ultérieure, mais simplement parce que sa façon de penser était d'écrire, et qu'écrire pour lui était un peu inscrire sa vie dans le temps ; il avait toujours un carnet dans sa poche, et, où qu'il fût, il notait ses réflexions au fur et à mesure qu'elles surgissaient dans son esprit. Il pensait d'ailleurs tout le temps...

Les écrits qu'il a laissés, celui-ci en particulier, ne sont pas toujours rédigés dans un souci littéraire, mais au fil, spontané, de la formulation intérieure de sa pensée. J'ai laissé cette rédaction telle quelle. La finesse, l'originalité et la force neuve du raisonnement compensent, me semble-t-il, ce que l'aspect « brut de décoffrage » pourrait comporter de manque d'élaboration formelle, dans ce premier temps de l'écriture. Francis Bailly écrivait pour lui-même. Comme on s'exprimerait entre humains, dans la fraîcheur de la parole, la richesse de l'offre de dialogue et de l'échange vécus.

Parmi les nombreux manuscrits que Francis Bailly a laissés dans son bureau à sa mort, se trouvait celui-ci : un ensemble de réflexions (chacune d'entre elles soit laconiquement esquissée soit nettement plus développée sur plusieurs pages), autour de thèmes qui étaient familiers à l'auteur. Il avait lui-même regroupé ses « dossiers » – un par rubrique –, en trois parties :

Première Partie : Homme, Déterminations et Libertés,
Deuxième Partie : Significations,
Troisième Partie : Science, Vérité, Rationalité.

Souhaitant publier ces réflexions, simplement écrites à la main, j'ai utilisé un logiciel de dictée vocale pour les saisir à l'ordinateur (sans changer le moindre mot du texte[1]*). Avec le même scrupule, et étant donné le caractère assez dispersé des rubriques, j'ai opté pour la forme d'un « abécédaire », l'ordre le plus arbitraire et le plus neutre qui soit, afin de les présenter au lecteur.*

Les thèmes dont traitent ces rubriques se centrent essentiellement sur ce que j'ai appelé « philosophie » et « philosophie des sciences ».

En l'occurrence, je n'entends pas le terme « philosophie » au sens tout à fait classique du terme, mais je caractérise ainsi simplement les centres d'intérêt de l'auteur touchant à des constantes de la nature humaine, qu'elles concernent l'individu lui-même, les relations inter-individuelles ou sociales, ou bien des principes abstraits censés sous-tendre les fonctionnements psychologiques et éthiques de l'humanité mature « constituée »).

---

[1] Je remercie mon frère Gérard Schneck d'avoir précieusement redessiné à l'ordinateur les quelques schémas qui parsèment le manuscrit.

Par « philosophie des sciences », je caractérise les réflexions de l'auteur traitant de l'épistémologie de la méthode scientifique (celle du bon chercheur qu'il était), mais aussi de sa critique, parfois virulente, de certains aspects de la science occidentale, et du fonctionnement intellectuel qui maille l'abord rigoureux de la connaissance conceptuelle.

Par-delà ces divers thèmes et les traversant, on perçoit la circulation constante et parfois aussi les perplexités de l'auteur sur « le sens », les significations et l'orientation des œuvres humaines.

Dans un souci de clarté, je vais ci-dessous m'efforcer d'évoquer ces différents thèmes, pour chacune des trois parties.

La première partie *traite de la notion de Sujet, de ses différents espaces-temps vécus, de son inconscient, des causes diverses de ses « points aveugles », des différences entre hommes et femmes (paradigme du rapport à l'altérité, nécessitant une « alliance » pour sa fécondité). Ce traitement implique entre autres, pour Francis Bailly, une critique clairvoyante de la séparation Sujet-Objet, typique de la pensée occidentale. S'agissant des relations entre humains, liées au social au-delà de la relation duelle, l'auteur en pointe les composantes sous-jacentes, hétérogènes les unes aux autres mais solidaires (qu'elles soient d'ordre réflexif ou affectif, puisque la Vie ressentie est faite de désir, d'affects et d'émotions autant que de pensée), et il explore en passant les notions abstraites de séparation, de frontière, de limite – pour lui qui savait sa vie écourtée, ce thème était parlant ! –, ces concepts instaurant de la détermination et de l'ordre dans la confusion et le « mélange » de la pensée indéterminée de départ.*

La deuxième partie *aborde la question générale de la connaissance, des modes différenciés de compréhension, de l'impact de la culture sur la pensée, du sens visé par les actions et engagements humains. L'auteur éclaire ainsi les moteurs du surgissement du « Nouveau », de la création, du rôle de la volonté dans les choix des individus, et surtout, me semble-t-il, d'un thème sartrien qui fut cher à Francis Bailly, dès ses jeunes années : celui de la liberté (je devrais plutôt dire, en termes plus directement sartriens : liberté/responsabilité). La Liberté, « entre terre et ciel », comme il dit. Il souligne ses liens essentiels avec la création, avec l'élan du nouveau. Nourrie par la volonté, elle intègre aussi (comment faire autrement ?) les déterminismes, les rapports entre causes et effets.*

Intervient ici ou là, naturellement, la question du langage (si labile, voire « traître » qu'il puisse parfois paraître), véhicule et partie prenante de l'intelligibilité du monde et aussi du rapport à autrui. Cette question est majeure dans l'élaboration des significations.

La troisième partie, *la plus abstraite, tourne autour de quelques-uns des principes, des raisonnements, des modes de traitement du « réel », qui sont propres à la pensée scientifique actuelle : l'auteur y aborde notamment les règles du fonctionnement conceptuel susceptible d'en garantir la fiabilité (il prend l'exemple de la déduction mais aussi de l'intuition, dont il ne veut pas méconnaître l'importance), des lois, des principes d'ordre, de reproductibilité et de prédictibilité, et surtout le thème de la causalité, tout cela étant partie intégrante de la scientificité, de la rationalité et du matérialisme modernes.*

Il définit ainsi clairement et en toute connaissance de cause (issue de sa longue expérience professionnelle de chercheur créatif) la nature de la science. Il le fait avec lucidité, voire sévérité, parfois avec un peu de scepticisme et non pas du relativisme, mais la conscience de la relativité des décisions et des idéologies implicites qui les doublent. Il entend surtout combattre le danger de scientisme. Il est en effet, avant tout, soucieux d'authenticité, et il débusque les démarches qui rusent avec le Réel (en le transformant en une « articulation scientifico-réductrice pleine de trous par où s'échappe le réel psychique, [et une] articulation magico-proliférante, trop-plein où étouffe le réel matériel »*). Il met par exemple le doigt sur le malaise conceptuel qui sous-tend la question, assez taboue chez* *les scientifiques, du degré d'implication du Sujet dans le processus d'élaboration et de traitement de l'Objet d'étude, ou plutôt de la construction de leur incommensurabilité.*

Manière originale de traiter de la spécificité des sciences exactes par rapport à celle des sciences humaines ; sans méconnaître le domaine, proche de ces dernières, de la psychanalyse.

À l'occasion, il élargit son champ de réflexion en soulignant que lorsque la science domine, souvent domine aussi le pouvoir – érigeant, dans sa dérive, la force catégorique en vertu sans appel – sur autrui, cette liaison étant encore, de ce point de vue, une caractéristique occidentale. Ce faisant, dans une pensée devenue ici nettement politique et éthique, il met en garde et même lutte contre les dangers d'oppression et de résignation à ce qui est éthiquement « inacceptable » dans les relations humaines.

En particulier, et compte tenu de sa solide connaissance des cultures orientales et extrême-orientales, Francis Bailly laisse transparaître sa conscience d'une certaine relativité des valeurs au niveau planétaire, que d'aucuns auraient peut-être tendance à considérer comme universelles, alors qu'elles dépendent en partie des représentations de leur culture d'origine.

Par ailleurs, il s'intéresse à la singularité légitime des Sujets, aux composantes du « moi » dans leurs constantes et leurs fluctuances, tenant compte de leurs éventuelles contradictions et paradoxes. A cet égard, il « tient les deux bouts de la chaîne », à savoir, d'un côté, l'acceptation de la chaude humanité de l'homme/de la femme, et de l'autre, l'occultation de cette dimension personnelle dans la rigueur de l'acte de science, fait d'effort d'exactitude et de distance par rapport à la factualité de l'objet étudié.

Cette attitude courageuse (que je qualifierais volontiers de « post-soixante-huitarde », surtout en ce cinquantième anniversaire de cette révolution culturelle...), n'est pas si fréquente dans une démarche intellectuelle !

S'agissant des sciences humaines, donc, je souligne en particulier l'intérêt de l'auteur pour l'Histoire, et aussi son analyse des processus d'interactions sociales (aboutissant le cas échéant au domaine du politique, son engagement passionné de toute une vie), et ce, pour l'ensemble des fondements de ce qu'il appelle nos « autonomies agissantes ».

S'agissant des sciences exactes (l'auteur est physicien), et adoptant par introspection une distance analytique avec ses propres démarches conceptuelles, il démonte la construction des lois, l'organisation des niveaux d'intervention des éléments dégagés et de leurs interactions, et, plus largement, prend en compte l'environnement des phénomènes matériels, pour finalement s'interroger sur les précautions éthiques avec lesquelles le scientifique doit aborder les questions de « vérité ».

Enfin, je me dois de préciser que certains des thèmes de cet « abécédaire » ont également été abordés dans un de ses ouvrages précédents[2]*,* mais d'une autre manière globale *(malgré la reprise identique, que j'ai assumée ici, de quelques paragraphes) ; en effet, l'insertion de ces thèmes, dans cette élaboration sans fin de la pensée, m'est apparue éclairante.*

Au total, j'ai estimé que ces réflexions, autour de notre commune modernité, méritaient d'être partagées avec autrui. Elles sont certes personnelles à l'auteur (voire, parfois, provocatrices), mais elles m'apparaissent stimulantes pour la réflexion.

Je souhaite qu'elles puissent rencontrer un écho chez le lecteur d'aujourd'hui soucieux de réfléchir à quelques-uns des principes qui régissent les conduites humaines.

---

[2] Francis Bailly, *Pour un projet d'humanisation*, L'Harmattan 2017.

PREMIERE PARTIE

HOMME, DETERMINATIONS ET LIBERTE

A

17/5/1981

AUTHENTICITÉ, JUSTESSE

L'authenticité, en matière d'intuition, est curieusement affaire de subjectivité : elle réside principalement dans la façon que peut avoir l'investissement subjectif - eu égard à sa visée, à son projet - de se conjoindre, de « s'adéquer » à la fois à la fois au processus et à la fin de cette visée : qu'il y ait le moins de fissure, d'écart possible entre l'objet de l'intuition, sa fulgurance et sa fonction pour le sujet qui en est le producteur et le porteur; qu'un instant, au fond, le sujet soit perdu comme tel pour lui-même en se retrouvant tout entier dans l'intuition agissante.

Qu'il y ait là quelques rapports avec de la « sincérité », je n'en disconviens pas, mais en aucune façon cela ne pourrait s'y réduire, notamment en ce que le sujet doit toujours être extérieur à cette sincérité pour que de sincérité on puisse parler.

Il est clair qu'à l'aune d'une telle définition dans ce domaine, on ne saurait parler d'authenticité que dans un registre où l'affectif, l'émotionnel, le désirant se trouvent profondément engagés, par contraste avec une « justesse » qui relèverait d'opérations logiques dans l'ordre du rationnel, aussi « épuré » qu'il puisse se représenter.

Dès lors, peut-être pourrait-on aborder de façon plus rigoureuse à un concept et un sentiment (un *« sencept ! »*) de « vérité » dans l'adéquation et l'articulation fondée entre une telle « authenticité » et une telle « justesse ».

D

5/12/1983

LE DIABLE, LA NAISSANCE ET LA MORT

C'est parce qu'il est très vieux – vieux comme l'histoire – que le diable est très malin. Soit.

Mais à trop vouloir faire le malin, voici qu'il est devenu trop vieux !

À la limite de la sénilité, il est en passe d'imploser sous le poids des cumulations et de se retourner, comme un gant. Le grand air de la calomnie, en se banalisant, a perdu son tranchant, comme le désespoir a perdu son acidité.

Que voulez-vous ; la planète s'est peuplée, le temps s'est condensé en durées à nos échelles et nous voici, en une vie, aussi vieux qu'en une histoire…

Bien sûr, l'humanité côtoie la mort, mais c'est pour naître et le risque est celui de l'accouchement.

E

15/11/1983

ENCHAINEMENTS DETERMINISTES

Les enchaînements déterministes (les dépendances strictes et inéluctables) se présentent sous trois formes, selon qu'on les réfère à telle ou telle période de la durée qu'ils caractérisent et dans laquelle ils se déroulent.

- Le *programme*, fixé à l'avance, pré-inscrit, qui n'a plus qu'à se déployer selon ses prescriptions internes, aux erreurs et fluctuations près, et qui produit ce qui était prévu ; une forme d'embryogenèse en quelque sorte. Déterminisme référé à un *passé* logique, à une antériorité.

- La réponse aux contraintes contemporaines, qui exprime *l'adaptabilité* aux conditions d'environnement ; soit dans la recherche d'une homéostasie, soit dans la poursuite, par succession de situations critiques et bifurcations, de l'élaboration d'une forme systémique la plus adéquate, la plus rentable ; selon des critères de pérennité ou d'évolution parfaitement assignables et qui, eux, ne se réfèrent plus ni à une durée, ni à un instant, mais constituent l'invariant par rapport auquel se définit l'adaptation elle-même. Déterminisme rapporté à un présent logique, à une forme de simultanéité.

- Le processus dont l'objet est de remplir une *finalité*, d'atteindre à un but, cause finale du processus lui-même et qui le provoque et l'anime, tout en n'étant pas encore inscrit ni programmé au sens d'un algorithme et d'une forme prédéterminés, mais qui reste concevable et descriptible selon les catégories et les acquis du « temps » (associé au processus) qui le précède (même si leur combinatoire explicatrice n'est pas encore totalement élaborée ni définissable).

Recherche de la conformité à un modèle dont les contours ne sont pas repérables dans l'antériorité mais qui, néanmoins, sert de pôle, boussole, élément de comparaison pour l'ultériorité de réalisation du modèle. Déterminisme rétroactif en quelque sorte d'un futur logique explicitable dans les termes caractéristiques de tout ce qui le précède.

Selon ces trois approches – et leurs associations éventuelles compatibles –, les rigueurs déterministes, si elles permettent d'expliquer et de comprendre, d'animer et d'orienter, circonscrivent cependant l'espace-temps d'un monde clos. Elles décrivent et expriment fondamentalement une situation d'enfermement en laquelle on ne repère pas l'exercice, ni même la virtualité d'une liberté (si on ne réduit pas celle-ci à une ignorance de « conditions » ou à une méconnaissance des contraintes ou tendances agissant « en sous-main ». Autrement dit, si l'on admet que cette liberté peut ne pas être qu'illusion – menaçante ou confortable, c'est selon –. Dans tous les cas en effet, même si l'on n'est pas toujours rigoureusement dans le domaine du prédictible, on est dans celui du réductible aux termes, y compris langagiers, déjà disponibles. Le nouveau en tant que tel (et pas seulement en tant qu'agencement non encore réalisé, pour des raisons statistiques par exemple, ou de durée insuffisante, ce qui peut revenir au même) n'a pas de place pour surgir et faire sens.

C'est qu'en effet l'exercice de la liberté est création. Pensée, acte créateur sont liberté.

Dans l'abstraction des concepts, des équations, des esthétiques, c'est tout de suite le registre de l'immédiateté qui se trouve sollicité quand il s'agit de liberté, de création, quand elles agissent.

Plus péniblement, c'est le régime du différé (et jusqu'où…) qui s'impose, dès lors qu'il s'agit de la quotidienneté concrète du relationnel individuel et collectif, des rapports psychologiques ou sociaux. Ils semblent subordonnés surtout au jeu des différents déterminismes, et plus encore dans le social que dans l'individuel. La durée dans laquelle ils s'inscrivent, ces rapports, n'est plus celle, légère, de l'innovation heureuse ; c'est celle de leurs enchaînements, dont bien souvent les raisons leur échappent.

Mais coupera-t-on irrémédiablement en deux le monde de notre être ?

L'opacité des densités déterministes n'est pas telle qu'aucune étincelle de créativité libre n'y brille et, réciproquement, la liberté créatrice de la pensée imaginante n'est pas sans prise totale sur le paysage qu'elle aussi habite.

C'est ce qui s'exprime dans le paradigme de la réussite psychologique, sentimentale, politique, économique, sociale..., pour un individu ou une collectivité (c'est-à-dire selon qu'il s'agit de personnes ou de sociétés, chacune selon sa révolution propre) : ce miracle de la concordance de deux séries distinguables, celle de la volonté créatrice et celle des cohérences strictement déterminées. Une façon de mettre en correspondance le goût d'un infini avec les délimitations des finitudes.

Vers 1985

ESPACES-TEMPS INTÉRIEURS

Ajuster, agencer, articule – lieu tout à la fois d'une relation et de son « dire » –, ces espaces-temps qui nous constituent et qui parfois semblent n'être que pure juxtaposition ou, même, dislocation en des tendances incompatibles ou incommensurables :

- l'espace-temps du *désir* qui s'origine dans la conscience du moi et les pulsions qui l'agissent dans l'inconscient et le conscient ; égotiste et tourné sur soi-même, il est cependant, par un curieux retournement, voie d'accès à ce qui est vécu et perçu comme altérité, pour le capter, certes, mais en y étant capté tout autant. Feu dévorant, il se donne d'emblée comme le parangon de l'illimitable, pour autant que demeurent le soi, sa conscience et son inconscient ; en cela il renvoie à une incomplétude constitutive, à une séparation indélébile, à la trace ineffaçable d'un deuil irréparable : être pour soi et n'être pas tout ; ce que l'idée de la mort même ne saurait surmonter. Sa topologie est celle d'un indéfiniment disconnecté, puisqu'aussi bien chaque lieu y fait singularité malgré le mouvement qui le porte à s'étendre et à le densifier, à côté de - et contre - les autres lieux non moins présents ; de même l'écoulement du temps qui le scande et qu'il indique, écartèlement entre l'éternité du manque à combler et l'instant d'une satisfaction qui se perd déjà en une éternité, ailleurs.

- L'espace-temps du *conceptuel*, de la pensée logique et rationnelle, qui se veut pont, passage obligé en quelque sorte, par-dessus la coupure qui a séparé le sujet de l'objet ; s'y opèrent les agencements algorithmiques qui se voudraient l'expression complète d'une isomorphie entre ce qu'il est et les objets qu'il se donne : le « pas lui » par lui observé, il se présente comme pur regard se traduisant en pure syntaxe, cherchant peut-être, en une telle « neutralité » prétendue, à oublier le sujet qu'il et qui l'habite tout en restant comme à distance de l'objet dont il s'empare. L'ironie, là, réside surtout en ce que, se présentant comme troisième terme indépendant et conciliateur d'un rapport entre un « je » et un « autre », il se trouve, de fait, subordonné à ce qui, dans le sujet, sans le dire, comme clandestinement, désigne ce qu'est l'autre et à ce qui, dans le monde « objectivé », trouve à se contempler dans la possibilité du sujet. Il se donne comme espace simplement connexe, du fait même de la concaténation qu'il cherche à opérer et qui se nomme « explication » ; le temps qui s'y déroule est celui de l'horloge réglée au rythme du discours logique et des enchaînements causaux qu'il se « représente » comme déterministes.

- L'espace-temps de *l'intuition*, qui fait dénégation à l'instauration de toute coupure entre le soi et le non-soi ou à ce qui, dans l'un, pourrait n'être que mosaïque ; tension a-perceptive, en son mouvement disparaît cependant toute tension en un « donné » qui n'était pas pourtant un « déjà là » ; ne s'y jouent ni le rapport à la complétude ni la peine du manque : cette fulgurance est à la fois au-delà et en deçà ; au-delà en ce que l'aperçu relève de ce qui fut recherché, en deçà du fait qu'il n'atteint même pas à une problématique du complet ou de l'incomplet ; ce qui s'y offre, tout parcellaire qu'il puisse, après coup, paraître, y est dans la totalité du pour soi, sans que rien d'autre y trouve pertinence : la suffisance par excellence, hors de tout ce qui pourrait faire objet de mesure ; on conçoit qu'on puisse en parler sous couvert de « lumière » ou « d'éveil » ; son opératoire semble indiquer une secrète complicité entre ce qui s'y dit et ce qui l'entend, comme une appartenance commune qui se dévoile, ou mieux, peut-être, comme la dissipation d'une illusion, la levée d'un voile, quant à la séparation même et à sa signification. Il se présente ainsi comme topologie de mesure nulle : tout au plus des points sans dimension, dont la question de les relier ne se pose qu'après coup ; son temps peut être abordé du côté de la stase aussi bien que dans l'immédiateté de ce qui est « intuité » ; il se dit tout entier en termes de ponctuations. On peut s'étonner de voir ici s'insinuer le prosaïque apparent de l'espace-temps de la *vie vécue* : cet espace-temps du quotidien où l'espace est celui de notre espace-temps habituel – nos lieux – et où le temps est resté notre temps habituel, la durée – celle d'une vie, d'une histoire, d'un moment.

C'est en cet espace pourtant que s'enracinent les autres dimensions ; il en est le support et la matrice, il en est la possibilité et la cause : prisme imposé à tout regard, filtre à toute démarche et contenu de toute connaissance. Pour soi-même, dans le relationnel, dans le social, il semble le lieu privilégié de l'articulation des autres espaces-temps ; et de fait, où s'articuleraient-ils si ce n'est ici ? Comment ne pas y repérer les flux du désir, les forces des concepts, les éclairs de l'intuition ?

De là à en faire le creuset et à y trouver l'exhaustion de ce qu'il est, la tentation n'est-elle pas grande ?

Pourtant il ne s'épuise pas d'être ce nœud ou de pouvoir l'être et ne se réduit pas au tissu conjonctif qui permettrait ou exigerait le jeu de ce qui le constitue.

Car s'il est ce à quoi se rapportent nécessairement les autres espaces-temps, il est aussi celui qui les oriente dans les opérations dont ils sont le siège et les ajustements qui les font coexister *en vue* d'une fécondité ; il est en quelque sorte la raison et le lieu de l'enjeu, de ce pour quoi les autres existent et fonctionnent.

C'est déceler en lui proprement l'indice qu'il est aussi espace-temps d'une spécificité, mais d'un ordre différent ou, plus exactement, selon un régime de radicale différence, en ce que c'est la racine même des autres qui trouve ainsi à s'y ancrer et s'y nourrir ; en effet, il constitue l'espace-temps de la *volonté*, du dessein, du projet, d'où procède le reste et qui articule, en vue d'une visée, ce que sont les autres mondes.

F

8/5/1981

FRONTIÈRE

Le principal peut-être n'est pas dans le volume et la densité du domaine d'où l'on parle et où l'on intervient, mais bien dans la *limite* que l'on décide de tracer pour désigner ce qui déjà n'est plus ce domaine : l'inacceptable comme tel, eu égard au lieu qui spécifie et motive.

Dans le tracé de cette frontière, se joue la dé-finition de l'être qui parle et agit, du fait qu'elle indique ce avec quoi on ne peut ni on ne doit le confondre ; ce par rapport à quoi il situe une séparation parce qu'en aucun cas il ne pourrait s'y agir de soi.

Le flou de cette zone frontière caractérise l'acuité du compromis possible, mais son existence affirme que tout compromis n'est pas possible ; en cela elle tranche.

Que sa position ne soit ni définitivement, ni absolument fixée ne met pas en cause l'opération à laquelle elle renvoie ; cela ne fait qu'affirmer que cette opération s'inscrit dans de la vie et pas seulement dans de l'inerte.

H

23/5/1983

HASARD, NECESSITÉ, LIBERTE, LOI

On soutiendra que le *« hasard »* est la figure ultime, la représentation par excellence du déterminisme ; il constitue l'abstraction de la nécessaire soumission aux enchaînements causaux temporels ; image de la *nécessité* en ce qu'elle s'y dit toute en sa transparence inéluctable, le « hasard » constitue ce point aveugle où il semble ne plus pouvoir la déceler. Y convergent en effet tout aveuglement, tout anonymat, tout écart à ce qui se donnait comme règles, mais comme lieu où la règle s'exerce sans limitation aucune, sans orientation qui la polarise, sans allusion à sa raison d'être. Le chaos est l'instance privilégiée où la nécessité déploie la rigueur de ses asservissements, la force de ses injonctions, que ne saurait limiter ou organiser aucun contrôle. Nul n'y participe ; seules des opérations, parfaitement exactes et déterminées, implacables, s'y déroulent : quintessence de tout asservissement.

Chaos, hasard, déterminisme, esclavage, si ce n'est pas tout un, cela relève cependant du même registre.

La *liberté* ne s'exprime que sous la figure de la mise en ordre, du sens qui oriente ce qui se présentait précisément comme chaotique, hasardeux, aléatoire ; il y a comme une connivence entre l'élaboration d'une structure non quelconque et l'exercice d'une liberté qui se veut telle.

Agencer les causes pour organiser un état de fait, déceler ces causes là où n'apparaissait qu'une sorte de magma phénoménal accidentel, impulser vers la constitution d'un ensemble la masse amorphe du tas de trucs – en deçà même de la nomination – et révéler une intention dans ce mouvement de mise en ordre, n'est-ce pas l'allusion à une liberté qui prend place ? La loi de cette mise en ordre est à la fois expression et condition de cette liberté qui transgresse les lois présidant au chaos, au désordre, au hasard. Et pourtant ce sont les mêmes, si ce n'est que d'un côté l'enjeu est dans la transgression et que de l'autre il est dans la soumission.

La liberté se dit dans l'exercice de cette loi qui, des causes, fait des raisons d'être à une organisation, là où les lois déterminées et déterminantes régissaient l'aléatoire. Double jeu de la détermination.

28/5/1981

HOMMES/FEMMES

Le pouvoir, la richesse, le désir et la possession des femmes, et des fulgurances de générosité, de courage et de désintéressement, de projet aussi : hommes.

Captation, séduction, puissance en volonté et volonté de puissance en contrôle et des éclairs d'authenticité, de lumière et de réalisation : femmes.

Dire l'autre en sa différence pour pouvoir avoir barre sur lui, le dominer et le réduire.

Ramener l'autre au même pour le savoir et pour s'y insinuer en même temps qu'on l'y insère.

Contre l'altérité, pour la fusion au même : est-ce semblable ?

En cette matière, moins par moins ne donne pas nécessairement plus !

I

INCONSCIENT

24/11/1981

1.

Que l'établissement et la constitution d'un inconscient s'instaurent selon le processus qu'en indique la psychanalyse, implique que le bébé et le tout jeune enfant « connaissent » d'emblée ce qu'il en est de la sexualité et du désir comme états et comme flux.

Cette connaissance aperceptive, tout inexprimée et informalisée qu'elle soit, opère dans le processus de structuration profonde de la personne ; un des rôles de l'éducation et, au-delà, de l'individuation proprement dite serait donc d'aider à distancier ce « fusionnel » quant au désir, à séparer la personne de ce lieu d'où elle procède dans l'ordre du désirant, en vue de rendre possible la socialisation et la parole, constitutives, simultanément, de l'individu comme tel. Cela ne va pas sans payer quelque prix : celui qui s'exprime dans le sentiment d'exil et de perte relatif à cette connaissance primale, à cette adhérence indifférenciée ou dans l'impression d'un « oubli » d'un monde à retrouver (globalité soulageante reconstruite par des fantasmes ultérieurs et pensée ensuite en termes de régression).

S'il est vrai que « l'inconscient est structuré comme un langage », cela signifie donc en retour que le langage est structuré comme se posent et circulent les flux du désir ; aussi n'est-il pas surprenant de voir jouer le déplacement mythologique d'un « lieu d'où l'on fut chassé » à une « parole perdue ».

Retrouver dans le registre de la parole ce qui fut ressenti comme un acquis dans l'ordre du désir, acquis dont l'on a été dépossédé, c'est peut-être, pour partie, l'enjeu de la connaissance intellectuelle, qui vise tout autant à combler les insondables creux de la parole qu'à construire les représentations qui concilient ce que nous sommes et notre présence au monde.

Le doigt de l'ange posé sur les lèvres du bébé qui naît impose le mutisme dans ce registre *pour* que puisse surgir un dire en cet autre ; avec le fol espoir qu'au bout de ce dire – pour autant que « bout » il y ait – sera récupéré, ne serait-ce que dans l'ordre du symbolique, l'objet premier, l'état primordial dont rien n'a pu se formuler (si ce n'est s'évoquer).

4/12/1981

2.

Qu'il y ait un Inconscient, structuré et opérant, qu'il se constitue pour l'essentiel lors des premiers âges de la vie, qu'y jouent des instances déterminées, des pulsions, qu'y fonctionnent des systèmes associatifs et analogiques…

Soit.

Mais la psychanalyse se leurre et nous leurre quand elle entend établir une relation bi-univoque, comme un déterminisme strict, entre notre Inconscient et nos comportements ou attitudes individuels ou sociaux ; c'est-à-dire quand elle tend à réduire l'épaisseur de notre vie et la densité de nos décisions à des produits d'une machination inconsciente. Tout au plus pouvons-nous la faire intervenir comme coefficient parmi d'autres de notre constitution :

- comme système explicatif des effectuations pratiques, il suffit pour s'en convaincre de reprendre la remarque de Feynmann :

« A détesté sa mère. C'est, bien sûr, parce qu'elle ne l'a pas assez aimé quand il était petit. Mais, après enquête, on découvre qu'en réalité elle l'aimait beaucoup et qu'il n'y avait pas de problème. Eh bien alors, c'est parce qu'elle l'a trop gâté quand il était petit ! »

La nature de la physique, page 189

La bijection déterministe est en défaut :

- comme objet d'étude, compte tenu des « lois » qui semblent présider à la structuration et au fonctionnement de l'Inconscient, l'établissement de tels rapports bi-univoques entre ce qui fait le paysage ainsi que l'environnement de notre vie consciente et le monde que construit et qui spécifie tout notre inconscient n'est pas moins problématique.

- Reste l'acte thérapeutique ; il semblerait qu'au fond, il est efficace et opère comme tel, précisément en ce qu'il brise ce rapport de détermination, de sur-détermination même, qui s'était établi entre telle facette de l'activité inconsciente et tel aspect de la vie quotidienne, en ce qu'il dénoue une subordination de l'un à l'autre ; autrement dit, en ce qu'il réintroduit du jeu et du flou là où s'était fixé et rigidifié un rapport qui aurait dû continuer à se jouer dans le registre de la mouvance et du virtuel, parfois actualisé et parfois non.

Ainsi, sans dénier l'existence de l'objet, l'aptitude de la psychanalyse à le caractériser, l'interaction agissante dans notre vie, il me paraît clair qu'il n'est pas possible d'en faire *la* source en dernière instance des déterminismes individuels (ou collectifs) ; au contraire, c'est du fait qu'est toujours présent dans ces interactions un degré considérable d'indétermination que peut s'éviter et se contourner l'état pathogène, l'aliénation proprement dite.

Placé en position de coefficient parmi d'autres, le recours à l'inconscient ne relève pas de l'ordre des « explications » rigoureuses (pas plus qu'aucun autre recours caractérisé tout autant comme coefficient) mais de celui des indications potentielles, à articuler et faire jouer avec bien d'autres indications de ce type et avec la « prise de position » elle-même comme expression de la volonté.

17/10/1983

3.

Quelles seraient les conséquences de la vérification de l'hypothèse selon laquelle il n'y a pas *un* inconscient mais *deux* ? Extrairait-on une dynamique dont le conscient serait aussi la trace ; approcherait-on différemment l'ambivalence, le spéculaire, les jeux fantasmatiques ou les rêves ? Échapperait-on à une forme d'unidimensionnalité des explications déterministes en permettant un jeu rigoureux et enchaîné cette fois, mais dans le rapport de deux registres qui se relayent ou se contredisent, interagissant en tout cas pour confirmer tout à la fois la rigueur et la fantaisie ?

Un inconscient qui gérerait plus particulièrement l'économie des quantités, les débits des flux, les équilibres « énergétiques » et un inconscient plus spécialement porteur des appréciations quant à la nature de ce qui est estimé, quant à sa place, sa situation relative par rapport à d'autres caractéristiques qualitativement distinctes.

[…]NTUITION

[…]n que de dire – de rappeler – que […] elle est en mesure de saisir du non-quelconque, n'est pas un toujours-déjà-là, mais un produit, un construit à travers une expérience, un rapport au monde. Ce qui – pour le sujet et pour sa lignée spécifique, génétique pourrait-on dire – reste du donné, n'en est que la possibilité et peut-être son exercice « instinctuel », au sens où ne s'effectuerait pas la (une) liaison avec un point de vue *a posteriori* de ce qui a été intuité, à savoir le regard logico-déductif portant sur son contenu.

Le donné n'apparaît comme tel qu'à travers un sens qui lui est conféré ; il n'apparaît à la conscience que comme tel, dans le mouvement même de condensation du sens ; de ce qu'il puisse ainsi surgir, on lui attribue une pré-existence, mais qu'est-ce donc que cette existence hors de tout sens ? L'informe ?

J

30/4/1981

JÉSUS

Pourquoi ne pas considérer une facette, au moins, de l'histoire de Jésus et de son rôle comme traitement mythique - idéologique, « analytique », socio-phantasmatique - de l'Œdipe, dans ses dimensions tout à la fois incestueuses et de rapport au pouvoir et à l'identité ?

Traitement de l'œdipe, mais dans le registre à la fois de sa « rédemption » (pour autant qu'on se situe en regard de l'œdipe positif) et de son inversion (pour autant qu'il s'agisse du même problème selon un point de vue autre).

Ce qui permettrait cette approche ?

Que le père soit absent-présent et immortel,
Que la mère soit vierge du Père comme du Fils,
Que le fils meure en expiant, et non le Père.

Simultanément, s'ajustent des dispositifs comparables selon les deux histoires :

L'oracle et l'Annonciation,
L'exil et le départ.

L'intronisation par le Sphinx et le baptême après les docteurs du temple.

L'appropriation du Royaume et le refus de la tentation de ce même royaume.

Que les mains aient, à la fin, aussi été percées – avec le flanc – et non seulement les pieds, qui chez Œdipe l'étaient au début, cela signifie-t-il qu'il y ait sanction du faire et pas seulement de la démarche ?

Mais dans les deux cas, la Fin s'inscrit dans les ténèbres, celles de Jérusalem, ténèbres collectives et sociales, celles de Thèbes ou du Colosse, individuelles et initiatiques.

Au fond, bien que différant profondément, il y a des similitudes remarquables entre la version accomplie et la version inaccomplie du même désir, de la même pulsion.

Pour aller plus complètement dans l'analyse, il conviendrait de démonter et de comprendre les agencements et les positions des protagonistes et des flux qui les relient, les uns par rapport aux autres, et notamment qu'il n'y ait pas de descendance générée par Jésus et que, pour y suppléer, s'établisse comme le jeu d'une fratrie de transmission.

Traitement autre d'un même problème donc, où voudrait percer de l'autonomie par antagonisme au poids du Destin, une perspective de salut en regard à l'inéluctable du fautif, une socialité valorisée par contraste avec la filiation des Atrides, mais aussi une ineffectuation douloureuse, où perce la nostalgie du Père lointain vis-à-vis de l'acte posé – le fût-il « involontairement » –, où une relève est amorcée dans les filiations.

Volonté de rupture donc dans les représentations collectives et dans les visées qui en découlent, après les civilisations qui ont précédé : cependant, le pari de traiter le désir de l'inceste d'une façon non violente et socialement adoucie échoue, mais différemment de son échec selon le régime de la violence et de la saisie du pouvoir.

J'aimerais approfondir sérieusement ces différents aspects et développer le jeu des correspondances, mais, faute de temps, il m'aura suffi d'indiquer qu'il pouvait y avoir là quelque chose d'important pour comprendre certains des ressorts des civilisations « chrétiennes », en comparaison de celles de l'Antiquité ou de celles où l'hellénisme reste dominant.

L

LIBERTE

11/11/1983

1.

Ce que la pornographie et l'obscénité sont à l'érotisme et à l'amour, le sacré et le religieux le sont à l'imaginaire social ou au projet utopique (au messianisme ou au socialisme pour parler en des termes connotés et provocateurs).

Absolue liberté entre la terre et le ciel.
Absolue liberté entre la terre et le ciel.

Du pur et de l'impur : toute l'impureté même, c'est purement qu'on l'effectue ou qu'on l'abstrait.

Ramener l'ordre de l'humain et du social à celui d'une nature, c'est cela introduire le sacré ; rapporter l'ordre de la nature sur celui de l'humain et du social, c'est cela le profane !

Le sacré est disette de liberté et nausée d'arbitraire, et la profanation est disette de sens et nausée de donné !

Absolue liberté entre la terre et le ciel. Absolue liberté entre la terre et le ciel.

Est-ce un souhait, une visée ou un constat ?

La liberté, d'habitude, ne se loge que par-dessus le ciel…

Absolue liberté *entre* la terre et le ciel.

Mai 1980

2.

Du point de vue de la pensée rationnelle, habile à traquer et désigner les déterminismes, les enchaînements causaux, les « raisons », il semble presque impossible de faire que la *liberté*, les libertés (comme liées par exemple au surgissement de « nouveau » – interne ou externe au sujet –) soient autre chose que quelque méconnaissance.

Méconnaissance précisément de ces « raisons » que l'apparition du nouveau, une fois réalisée, suscite à reconstruire ; de ces déterminations qu'il peut, éventuellement, contribuer à mettre en lumière.

De quel point de vue, donc, pourrait-il y avoir liberté à la fois antérieure et postérieure à ce qu'elle a produit ? C'est peut-être dans le jeu de l'actuel et du virtuel que se repère la ligne de fuite, en ce que le nouveau est actualisation d'un virtuel.

LIMITE

27/2/1981

1.

Elaborer une théorie de la *frontière*, de la *limite*.

La limite en ce qu'elle définit la forme dès lors qu'elle s'inscrit, en ce qu'elle spécifie l'objet comme particularité si ce n'est comme singularité : concrétisation d'une opération de découpage, instauration d'un ordre du séparé.

Inversement, la limite comme déjà-là est-elle concevable ? La séparation comme structure constitutive et articulaire du monde est-elle pensable comme donnée ?

L'acte de la séparation, la posée de la limite, est action fondatrice, œuvre créatrice à proprement parler, en ce que, à partir de ce néant qu'est le chaos ou l'informe, est amené à l'existence du délimité comme objet : démarche artistique autant que cognitive sur le plan scientifique.

À cette création même, comme telle et de par l'éblouissement qu'elle cause à se montrer opératoire, est bien naturellement associé quelque tabou, quelque interdit qui a trait au *mélange*, à savoir à la transgression des frontières, des limites dont l'inscription a fait venir au réel, de représentation au moins. Aussi convient-il d'urgence, pour éviter le mélange et cependant maintenir des rapports – où se situe un enjeu de densité et de cohésion du monde – d'organiser l'échange et la *circulation* ; ce qui circule ne différant guère de ce qui a été en mesure d'opérer la schize, d'établir la limite et restant en tout cas très étranger, au fond, à un quelconque « contenu » qui serait enserré par ces frontières.

Ainsi pourrait se définir une position de « maîtrise », une position démiurgique qui opérerait sur les représentations au moins, sur le réel peut-être, pour les faire advenir.

La confrontation d'un « sujet » spécifié a un donné déjà découpé dont il ne resterait à élucider que les articulations, à des objets déjà-là comme objets d'étude et de pratiques (à organiser, recomposer en vue d'en restituer un point de vue unifiant où les frontières, tout en étant reconnues, fonctionnent moins comme disjonctions que comme lieux des conjonctions et agencements auxquels le sujet lui-même participe tout en restant ce sujet), c'est la position du déjà créé, de la créature porteuse de projet ; d'un projet scientifique notamment.

Ou encore : la limite comme ce par rapport à quoi se définit nécessairement tout projet ; soit le sentiment, voire l'affirmation explicite, de la limite au cœur du projet, qu'il se situe dans le respect ou dans la transgression de cette limite ; autant dire ce par quoi *l'état* se défait et le *processus* advient : condition nécessaire et cependant oubliée de toute transformation, perçue donc comme rapport au déplacement des frontières, à la mobilité des limites, tout autant que mobilité par rapport aux limites.

D'où une distinction possible : la limite inscrite dans l'espace – l'espace comme agencements d'états – relativement à la limite inscrite dans le temps – comme lieu d'organisation des processus – et une approche différenciée à l'égard de ces deux types de limite, qui pourtant opèrent similairement.

À cette occasion, se pose une question : la différenciation, l'instauration d'une différence au sein d'un « homogène » (ou d'un « ordre » au sein d'un chaos[3]) est-elle réductible, est-elle équivalente à l'inscription d'une limite ? La limite opère-t-elle en ce qu'elle distingue des contenus ou lui suffit-il de courir à travers le continu pour faire forme ? Touchons-nous là à deux

---

[3] Ce qui n'est pas nécessairement la même chose, si l'on distingue la fluctuation au sein de l'homogène et le germe de l'organisation dans le chaotique ; il s'agit donc en fait de deux questions et non d'une seule : la fluctuation peut régresser d'elle-même : il faut plus pour éliminer le germe !

concepts distincts de la « frontière », de la limite, ou bien ne s'agit-il que de deux modalités d'une même opération (ou d'un donné comparable) ?

28/2/1981

2.

La pertinence de telle limite est-elle historique, culturelle, ou renvoie-t-elle à un donné : cette limite est-elle œuvre que nous avons créée ou bien joue-t-elle comme intimité d'un monde dont nous sommes et qui nous forme ?

Autant poser la question de la Loi (physique, morale ou juridique), comme « règle du jeu » déjà-là ou comme produit.

Poser des limites, c'est faire surgir des formes (spatio-temporelles) et c'est aussi définir des choses (des objets).

Tout « jeu », au fond, peut être pensé comme jeu sur les limites et la question de la nature du contenu par ces limites peut être tranchée par le rapport établi entre la position des limites et la justification de cette position en termes de différences entre l'en deçà et l'au-delà.

Soit, d'un côté, la création même de la différence (en position de secondarité donc), par l'inscription d'une limite et, de l'autre côté, la rationalisation des limites déjà là, en termes de différences détectées par le fait même que les frontières y renvoient.

2/3/1981

3.

Intervenir dans un « champ », dans un « continuum », pour y tracer une limite ou une frontière, c'est, pour qui opère, réduire le nombre de ses « degrés de liberté » (à évoluer dans l'illimité) et concentrer le flux de son rapport – à la représentation ou au réel –, afin précisément qu'il s'inscrive en contraste, relativement à l'homogène de son parcours « antérieur », s'il s'agit d'un moment, « ailleurs », s'il s'agit d'un lieu.

De ce point de vue créatif, au sens d'informant puisque c'est bien de l'inscription d'une forme qu'il s'agit, il n'est pas nécessaire qu'ait été *d'abord* conçu un en deçà ou un au-delà de la limite ; la trace marquée pour elle-même, pour une sorte de jeu, définit ces lieux ou ces temps : elle instaure la distinction et la différence, là où ne régnait que l'étendue ; elle crée le monde.

Que ce donné une fois établi se fasse apercevoir au moyen de différences entre ses « moments » et ses « parties », autrement dit, en tant qu'événement où jouent entre elles des limites comme rapports de différences, voilà qui renverse la perspective et fait du créateur une créature, au sens où, dès lors qu'il se spécifie comme sujet apercevant, c'est qu'il est lui-même le jouet des différences et des limites.

4/3/1981

4.

Que le premier moment d'une limite inscrite soit lu comme trace d'une concentration, comme déprise d'un tout en faveur du fait même que cette trace existe, cela est concevable ; mais cela l'est-il sans ce moment à la fois consubstantiel et postérieur, où se met aussi à exister l'ordre de la séparation et le jeu du séparé ?

Là s'inaugure, au-delà de la formation constituée (de l'information, en termes « d'avoir fait advenir »), le germe de ce qui pourra être connaissance : jeu avec, déplacement de, transgression au-delà de, voire nouveaux tracés pour, les frontières.

Faut-il souligner, sur un registre pas si différent, qu'à certains égards, en physique même (et en biologie donc !), le *qualitatif* de ce qui est spécifié comme objet de l'étude et de la connaissance possible (en un sens plus concret que plus haut) est en situation de dépendance étroite par rapport à la *frontière* qui lui permet d'être « objet » : la tendance au désordre (entropie maximale) pour un « système isolé » (frontière étanche), la possibilité de l'organisation (instauration d'un certain type d'ordre) pour le « système ouvert loin de l'équilibre » (frontière plus ou moins perméable pour les échanges de matière et d'énergie avec « l'extérieur » – ce qui n'est pas l'objet, mais ce qui, de par la frontière même, y touche –) ; faut-il remarquer que les fonctions de *membranes*, en termes simultanés de *définition* d'intérieur et d'extérieur et de *lieux* d'échanges filtrés, concernent crucialement la possibilité, l'élaboration, le maintien ou la perte du vivant.

Faut-il évoquer la mise en place d'une topologie telle que s'y trouve référée la propriété du devenir potentiel d'un système ainsi spécifié (*cf.* le rôle de l'analyse topologique dans la « théorie des catastrophes », purement mathématique, mais à visées combien plus lointaines, du fait qu'elle traite notamment du rapport de l'objet à ce type de frontière qu'est la stabilité éventuelle qui le caractérise) ?

Ce qui conduit après le premier temps, fondateur, de la prise en compte (ou de l'établissement) de *l'existence* d'une frontière, à considérer, comme structurellement essentielles pour l'objet même, les *propriétés* de cette frontière (et le comportement qu'est censé y avoir l'objet, au lieu où, précisément, il cesse d'être comme tel.)

L'enjeu de la séparation, comme opération qui fait advenir au sens, est nodal : constitution d'un rapport possible entre deux termes enfin distingués ou, du fait même que s'établit la volonté du rapport (lui comme « d'abord »), la distinction entre deux termes qu'il suscite de ce qu'il existe. Sujet-objet ici, réel (permanence)-illusoire (mobile) là-bas.

Serait-ce une façon de dire un *désir* comme constitutif, en ce sens que l'existence est immédiatement au moins rapport, au moins dualité qu'il instaure ? Le deux dans le commencement et le commencement comme deux : commencement simultané, donc, à l'existence et au sens.

Au sens, en effet, en ce qu'il y a trace par la limite imposée et, en même temps, indication de par où court la trace, de par quand elle s'inscrit.

Est-ce concentrer l'initial du sens dans la seule frontière, c'est-à-dire dans la seule forme ? Si le soupçon en est possible, il ne faut pas oublier cependant que, en même temps que se trace une limite, elle *définit* un *ce dans quoi* elle s'inscrit : advenue, concomitante et en simultanéité, d'une substance en quelque sorte ; ce qui fait de la limite et de son inscription le lieu même d'où surgissent en un double flux la forme et la « matière », le lieu où elles se confondent, aussi.

Autant dire que la limite se trouve placée en position de Loi !

La loi, bien sûr, en ce qu'elle trace des limites, en ce qu'elle articule les finis, en ce qu'elle gère, si elle ne les interdit, les mélanges.

Lois scientifiques qui disent les frontières pertinentes et leurs contenus dans le même mouvement, lois sociales et juridiques pour dire le jeu des limites entre les hommes et entre leurs « biens ».

Y a-t-il des points de vue selon lesquels une limite donnée n'opère plus comme telle, soit effet de perspective, soit que sa trace soit incluse dans le changement de repère, comme une transformation de coordonnées peut avaler une singularité pour produire un système de référence où a disparu la singularité ?

Autrement dit, la limite est-elle inscrite – et en quoi – dans le réel même, échappant à toute tentative faite pour lire ce réel sans la limite, ou bien ne joue-t-elle que dans ce qui, dans la représentation, constitue le « point de vue », la référence, tue mais là cependant ?

5/3/1981

5.

Dans quelle mesure le discours sur la limite évoque-t-il la nostalgie de, ou l'aspiration à, son absence ?

Je crains, à certains égards, que la dimension spatiale de la représentation de la limite l'emporte trop sur sa dimension temporelle et qu'il en sorte l'impression qu'elle opère plus là qu'ici. Pourtant c'est l'événement, le concept de l'événement comme domaine ou singularité quadri-dimensionnel, spatio-temporel, qui est en jeu dans cette affaire ; c'est son existence – donné ou construit –, dans sa possibilité, qui s'y laisse questionner.

Ainsi, dans la physique classique, a-t-on la nécessité de spécifier *à la fois*, pour une « solution complète », conditions « aux limites » et « conditions initiales » (et condition « d'équilibre » : les « finales ») et je présume que lorsqu'il s'agit du vivant, rien ne peut se dire si ne sont pas indiqués à la fois les frontières spatiales d'un organisme et son âge, référé à sa durée de vie (limites temporelles « par excellence », pourrait-on dire).

Faut-il distinguer entre le mélange et l'annulation de la limite ? L'interdit qui peut porter sur l'un – expression de la loi – n'est-il là, au fond, que pour qu'il ne puisse même pas être question d'évoquer l'autre ? Du fait que, somme toute, nous-mêmes et le monde ne peuvent solidairement exister qu'en conjuguant le registre du séparé : une certaine forme d'exil – de l'un à l'autre, de chacun à soi-même - dont la seule consolation et la seule perspective se situeraient du produit de *l'alliance* – par contraste avec la « fusion » –.

Mais pourquoi ne creuserait-t-on pas pour interroger ce qui fonde les différents niveaux du séparé, dans le temps, l'espace, les représentations individuelles et collectives : du plus enraciné au plus superficiel, du plus « évident » au plus « arbitraire » ?

Et envisager la nature des mélanges, et au-delà, si c'est concevable, des levées de frontières, qui correspondraient à telle ou telle visée ?

9/3/1981

6.

Se situer par rapport à la limite, une fois celle-ci instaurée, c'est en quelque sorte redoubler le sens qu'elle a inscrit, qu'il s'agisse de maintenir – par l'interdit du mélange – la séparation qu'elle a établie, de suturer la coupure – par le « bon entrelacs » – dont elle est le signe ou de faire jouer les domaines – selon leurs articulations – qu'elle sert à spécifier.

En tous les cas, c'est une façon de dire un rapport entre le mouvement du désir et l'ordre de la Loi.

Mais, jusqu'à présent, on n'a abordé la question de la limite que sous le régime de l'abondance : inscrire une trace qui fasse surgir des différences *dans* cette informité qu'elle suscite d'être là ou entériner des contrastes apparus *dans* du déjà-là.

La limite peut aussi se dire au regard de la rareté, comme indice d'un manque : manque à pouvoir « emplir » l'espace et le temps – l'Univers –. D'où il résulte le divers, en ce qu'il « manque de tout », au sens où des différences sont nécessairement là de ne pouvoir Tout homogénéiser.

Là, s'épuise, et en cela marque une frontière, ce qui joue dans l'en deçà ainsi signalé, sans que nécessairement puisse se repérer un pôle, dans l'au-delà qui, de son jeu, « viendrait à la rencontre » et marquerait ainsi le lieu d'une confrontation.

Les limites, sous la catégorie du manque et celle de l'abondance – ou des excès comme possibilité de contrastes – sont-elles identiques, fonctionnent-t-elles semblablement ?

9/3/1981

7. (suite de 6.)

La limite comme un sentier dans un paysage : à la fois dans le paysage, constituant du paysage, et tracé désignant un au-delà et un en deçà du paysage ; ou encore découpant le paysage (suivant une règle peut-être obscure), ce qui permet de distinguer un côté et un autre.

Le sentier pour entrer dans, ou pour sortir de, l'environnement où il est inscrit ou qu'il signifie, c'est-à-dire renvoyant à la possibilité d'un acte de mise en rapport avec ce à quoi il mène ou ce qu'il a constitué dans les potentialités ; telle la limite dans son tracé ou dans sa reconnaissance. En tout cas – à travers l'analogie –, l'indiquer comme lieu d'une approche, d'une démarche relativement à l'événement qu'elle signale.

- Selon une autre facette, pas moins dynamique, concevoir la limite comme fissure à travers des jeux de densité et de compacité : dans la mise en relation de deux termes spécifiés (par sa présence aussi) et définis, jouant l'un avec l'autre, l'un contre l'autre, l'un par rapport à l'autre, leur limite comme lieu privilégié d'ouverture d'où pouvoir faire surgir un troisième terme ; lieu d'une génération, donc, qui à la fois renvoie aux données (au donné) et en même temps s'affirme là comme donnée aussi d'un nouveau concevable.

Question : suivant ces deux images, ces deux représentations, qu'est-ce qui se dit de la limite, en elle ou hors d'elle, lorsque deux limites se rencontrent pour constituer un *carrefour*?

10/3/1981

8.

Le divers, plutôt que comme confrontation de densités différenciées peut, ici, se concevoir comme jeu de limites, agencements mobiles de frontières.

Son rapport à une éventuelle unité tiendrait alors moins à l'arasage des différences, à la référence à une hypothétique « substance » commune sous-jacente, qu'à cette subtilité qui consisterait à interroger les limites sur leur bien-fondé, soit pour jouer à la faire disparaître, soit plus vraisemblablement à les placer selon une perspective telle qu'elles se projettent en un point unique d'où elles ne seraient pas niées, mais d'où elles ne seraient pas, non plus, opérantes comme limites.

La limite en deux dimensions, infranchissable en un tel univers, se contourne aisément pour n'être plus que fil, ou simple repère, en trois dimensions.

C'est une image pour questionner l'éventuel absolu (ou relatif) d'une limite selon le point de vue où nous la plaçons, le monde où elle opère. C'est-à-dire une certaine façon de se demander s'il est *possible* de jouer à ce jeu évoqué plus haut d'une mise en perspective telle que la limite gagne pour le moins une *équivoque* en ce qu'elle est et en ce qu'elle opère.

Pour revenir à la question du carrefour entre deux (ou plus) frontières : il y a là, en ce lieu précis où une limite en rencontre une autre, un scandale, une absurdité ou un malentendu.

Le *scandale* tient en ce que c'est en un tel carrefour, s'il est envisageable, que gît la possibilité de *l'égarement*, puisqu'y travaillent des registres « incommensurables », du fait même que les limites qui s'y rejoignent sont pas identiques.

L'*absurdité* vient de cette incommensurabilité même, qui fait qu'un tel point de concours ne devrait pas être possible, si ce n'est à l'infini (parallélisme des limites comme actes de créations à partir d'un lieu toujours en deçà du paysage).

Quant au *malentendu*, s'il ne s'agit pas de dire *ici* que nous n'avons pas envisagé l'univers en question selon *toutes* ses dimensions (argument de la « projection » selon une perspective qui ferait que le carrefour dans un univers de dimension différente ou selon une autre perspective *n'existe pas*), si donc nous avons à faire avec une *vraie* intersection, c'est, bien sûr, que nous ne parlons en fait plus du paysage, mais de ce lieu qui dit et pense le paysage et qui se définit, somme toute, comme cet extraordinaire nœud spatio-temporel de limites (origine, source de toute limite et pas autre chose que jeu et ressort de limites) : la pensée, le « sujet ».

Pourtant, dire que, dans le paysage, deux sentiers font carrefour, ce n'est pas rien dire du paysage lui-même ; au contraire, c'est dire (ce que ne saurait exprimer la limite unique) que la pensée, le « sujet » font partie du paysage, sont aussi du paysage, bien que se donnant eux-mêmes comme lieu de tout en deçà ou de tout au-delà.

En ce sens, peut-être, l'absurdité de la confluence des incommensurables est-elle surmontable et le scandale de la rencontre est-il vivable.

23/5/1981

9.

Me voici, enclos dans mes limites, et cependant, à travers les autres, tout aussi limités mais différemment, voilà qu'il m'est possible d'entrevoir du presque illimité.

Il y « suffit » l'authenticité du rapport, l'intérêt à la différence… et l'acuité du regard.

Envisager donc, dans la relation et son ouverture la transgression de ce qui fait limite à soi-même, trouver dans ce qui fait autrement limites à d'autres, le prétexte et l'occasion d'une évocation de ce dépassement.

Ou alors, reconnaître qu'en quelques profondeurs plus masquées, ce sont les mêmes limites qui, pour toi et pour moi, opèrent, que cette clôture-ci nous est, en réalité, commune et que la variété de ce que nous sommes n'est à référer qu'à des agencements différents au sein de ces limites-là : jeu indéfiniment varié de limites internes dans un espace commun ; et que nous ne nous reconnaissons possiblement que par l'existence de cette communauté même.

Ou encore, dire que ces agencements intérieurs, ces positionnements intimes, spécifient *aussi* ce qui fait limite pour chacun de nous et qu'ainsi, subtilement, nous voici tout à la fois renvoyés à de la similitude *et* à de la différence, et que cette similitude et cette différence dépendent également des rapports que nous établissons entre nous.

Ainsi te reconnais-je mais puis-je aussi me méprendre et te mal entendre ; tout comme l'aspir et l'expir nous seraient, au fond, communs, mais que nous ne respirerions pas en phase.

LOI/DÉTERMINISMES/LIBERTÉ

25-26/12/1982

1.

Il n'est pas d'autre lieu que des lieux occupés ni d'autre temps que celui qui tisse nos durées ; il n'est pas d'autre monde, il n'est pas d'autre sphère que ceux que nous peuplons sans rien qui nous échappe.

D'où surgirait donc le nouveau, dans les formes et dans leur devenir, si ce n'est de ce monde, de ces lieux, de ces temps, de nous-mêmes ?

Ce néant de surcroît, ce rien de supplément, où pourrait venir se loger le germe de l'altérité, c'est cela même qui fait germe en les rendant porteurs de ces virtualités que le nouveau met au jour : tout y est du possible pourvu que rien n'y manque, car c'est le nouveau compatible, celui qui exprime à sa façon le monde, qui l'exprime lui-même, que nous expérimentons et pensons. L'autre d'un ailleurs n'a pas de place ici, car il n'a pas lieu d'être ; l'autre de nous-mêmes a déjà bien du mal à percer.

Mais si, de nous-mêmes, de ce qui nous fait, quelqu'élément, quelque soupçon, quelque cause, aussi ténue fût-elle, avait à se situer vers une autre sphère, un autre monde, une étrangeté radicale en somme, c'est la raison même dans l'existence et dans l'exister, le sens de ce qui peut se tramer de nos actes, nos désirs, nos pensées, qui trouverait l'infime ligne de fuite vers le tonneau des Danaïdes ; et pourtant, dans l'intime, qui ne sait, qui ne sent, qu'un infinitésimal canal communique avec ce qui pourrait se concevoir comme source de l'autre, originarité du nouveau où, de ce que l'origine même est en jeu, il semble qu'on ait à faire appel à une radicalité de l'extériorité, dans le cœur même de la proximité.

Ainsi en est-il de la liberté même : si quoi que ce soit échappait à la loi et aux règles, si les strictes déterminations venaient à se trouver en défaut, si les procès n'étaient soumis à leurs déterminismes, fussent-ils probabilistes ou statistiques, où pourrait-on trouver que liberté il puisse y avoir ? Confondre un flux aléatoire, une irrationalité quelconque, un désordre, avec une liberté ou l'exercice d'une liberté, n'est-ce pas le plus trompeur et le plus navrant ; c'est bien là, en effet, le lieu et l'occasion où la maîtrise échappe, où la volonté se fait impuissante, où la soumission à ce qui n'est plus contrôlé se fait la plus lourde et la plus stérile et où nous nous transformons en jouets ballottés par des circonstances hasardeuses, en objets fluctués et possédés d'avoir été démunis.

C'est au contraire dans le clair rapport avec le jeu des causes et des raisons que travaille la libération et que peut parvenir à s'exercer une liberté ; là où la compréhension trouve son intimité avec l'exactitude des ajustements et des transformations, pour nourrir et fonder une volonté. Cette volonté qui, au moment où elle intervient, se présente comme transgression de tout ce qui fut légiféré ou déterminé et qui, pourtant, dès lors qu'elle s'est inscrite en ses effets, a déjà réorganisé le champ des règles, pour une légalité tout aussi ajustée et non moins pertinente ; la même peut-être, autrement conçue ou travaillée.

Il n'est, certes, que rigoureuses nécessités : imaginer des secteurs du réel qui n'y correspondraient pas serait déréaliser ce réel même, et ce serait aussi interdire que des autonomies se constituent, des volontés se forment, des libertés s'exercent, qui transgressent les lois déjà formulées.

Déréaliser le réel ? En indiquant des zones où la correspondance entre les choses, entre les êtres, et entre les choses et les êtres, serait abolie, des zones où la vacuité effacerait les rapports, où le non-sens recouvrirait le sens. Interdire des autonomisations ? En incitant les hommes à se résigner à côtoyer des secteurs d'inaccessibilité à leurs pensées ou à leurs sentiments, à leur compréhension, en les conduisant à accepter un destin inéluctable de discordances ou de mutismes, à se soumettre à la fatalité d'une difficulté à coexister entre eux ou à contrôler les choses et processus qu'ils devraient pouvoir dominer.

Et pourtant, ici encore, ce n'est pas d'un lieu autre que celui où règnent les lois et les déterminismes que va puiser sa force et sa raison la cause de la libération et de la liberté : c'est bien du sein même de ces rigueurs, une fois reconnues leurs puissances et leurs nécessités, que monte ce qui les transgresse[4]. Du fait qu'elles se sont trouvées fécondées, les voici donc à leur tour contraintes de mettre au jour le sens qui leur fut conféré et de se soumettre à une loi qui les régit comme elles régissent la totalité, sans exception, du monde : la loi qui veut que, dans et par les déterminations, des autonomies s'élaborent, susceptibles de vouloir et notamment de vouloir reprendre les nécessités, pour une libération dont le seuil se situe sur la limite même du champ qu'elles enclosent et que les volontés ainsi produites contribuent à ouvrir.

Mais non pas à ouvrir sur ce qui serait un « autre monde », où ne régneraient plus nécessité ni déterminisme, lieu mythique que côtoieraient les hommes et auquel, en dernière instance, ils se trouveraient soumis, leur rôle se limitant à celui de portiers en somme, ou de simples passeurs. S'il s'agit bien d'un passage, ce n'est pas celui d'un état vers un autre, c'est celui du passeur même qui advient à la réalité : l'humanité en tant que telle qui s'élabore en élaborant ses relations constitutives, pour dire et faire la loi du monde, celle de la création même, qui condense, signifie et exprime toute libération et toute liberté.

---

[4] Désir, élan, vœu qui les fécondent en un mouvement qui, tout à la fois, conteste l'état de fait (en ce qu'il se présente comme inerte et répétitif) et porte la volonté d'un projet vivant.

30/12/1982

2.

Ce n'est donc pas de transcender les lois ou de s'installer dans un lieu où elles n'auraient pas cours que la liberté advient : c'est dans leurs relativités synchroniques, leurs évolutions diachroniques, déchiffrer la loi qui les travaille pour nous et recueillir ces parcelles de libération que les parcelles de mise en ordre ont permises. Si la rigueur de leur rationalité n'était pas partout pertinente et opérante, il ne nous serait plus possible d'y parvenir et notre libération même, comme l'exercice de notre liberté, buterait sur ces secteurs qui ne seraient plus susceptibles d'être rapportés à une commensurabilité de notre être. Car c'est de cette commensurabilité de ce que nous fûmes et sommes appelés à devenir, en nos singularités et nos relations, que peut se concevoir qu'accès à un seuil il puisse y avoir sur une ouverture vers un « par-delà le déjà là », dont nous puissions nous-mêmes être le fondement comme autonomies agissantes ; grâce aux lois et par les lois qui permettent à un ensemble de se constituer – tenir ensemble – et qui, de s'être constitué, c'est-à-dire d'être parvenu à se libérer, se découvre comme ce dont procède la nécessité même de ces lois.

3/1/1983

3.

Soit à considérer deux versions de la loi : la loi qui régit les transformations et celle qui indique l'invariance, la sienne propre notamment.

Est-ce à dire qu'on aurait affaire avec deux instances de la loi, celle qui s'exprime comme régulation du fluctuant et celle qui signale la possibilité même et la nécessité d'une telle régulation, ou bien admettra-t-on qu'il s'agit réellement de deux types de lois différents ?

C'est qu'au premier abord, l'objet qu'elle norme semble bien spécifique ; dans un cas, c'est le phénomène dans tout son aléatoire mais aussi dans toute la rigueur de ce qui se réifie et s'étudie à distance et avec objectivité, une extériorité dont on caractérise les états et les transitions d'un état vers un autre, l'objet d'étude donc qui, d'une certaine façon, se conserve comme tel à travers ses évolutions, voire ses mutations ; dans l'autre cas, c'est la capacité d'un énoncé, quasi-intemporelle et immédiatement présente à qui la détient ou en use ; ce n'est plus ici l'énoncé lui-même qui fait loi, en son adhérence à l'objet qui, d'une certaine façon, en garantirait l'indépendance, c'est qu'indépendamment de tout objet particulier, dans la proximité à soi-même, il y ait à exprimer de tels énoncés.

Il y ait à... : au sens de « il y a de quoi pour qu'il en soit ainsi », mais aussi dans le sens d'un impératif qui se présente comme première approche de l'invariance de la loi, deux pôles qui s'évoquent l'un l'autre et dont la relation de l'un à l'autre permet à cette invariance de s'inscrire.

7/1/1983

4.

Ce n'est donc pas que dans ce cas il s'agisse plutôt d'une cinétique et que dans l'autre ce soit plutôt une question de définition dans sa permanence : dans les deux cas, vus sous cet angle, il s'agit de traiter des multiplicités, de leurs rapports, de la spécificité ou au contraire de la transformation mutuelle de leurs éléments.

Il s'agit bien plus de considérer ce qui s'énonce, d'une part, en rapport avec ce sur quoi porte l'énoncé, d'autre part, en relation avec qui énonce, et d'examiner s'il est possible de rapporter l'un à l'autre ou, au moins, de les rendre compatibles.

Précisons, pour éviter un malentendu : l'invariance ne saurait être celle d'un « sujet » ; lui aussi devient et s'élabore selon des lois qui lui sont propres et qui désignent ses transformations comme telles : elle s'évoque plutôt à travers ce paradigme : qu'il y ait quelqu'un qui énonce sur, en vue de..., et qui, de ce fait même, se constitue.

M

14/10/1982

MASCULIN/FÉMININ ; ÉCRITURE/PAROLE

Avant d'aborder à la correspondance éventuelle de ces couples, ne faudrait-il pas commencer par questionner le rapport absence/présence d'abord, puis, sous une modalité plus nuancée, le rapport distance/proximité ; ne faudrait-il pas, en même temps, situer l'arbitraire de ces dualités en liaison avec la différ***a***nce[5] qui les constitue (en niant leur pertinence d'*a priori*) et l'alliance qui les permet et qu'elles permettent.

---

[5] (Wikipedia). : Néologisme « déconstructiviste » propre à la pensée du philosophe Jacques Derrida. « Les mots et les signes ne peuvent jamais réaliser de suite ce qu'ils signifient, mais ne peuvent être définis que par le biais de recours à d'autres termes desquels ils diffèrent » (DB).

29/9/1981

UN « MOI » ?

La question se pose, à considérer les mondes qui sont censés le constituer, poussant leurs pseudopodes en tant de directions, et dont l'on peut se demander s'il existe un domaine commun qui soit intersection de tous. Leur hétérogénéité, les contradictions qu'ils révèlent et expriment, l'altérité qui parfois les confronte, laissent à penser que cette intersection de tous ces mondes reste vide.

Auquel cas, on aurait affaire à un moi illusoire et mouvant et dont la consistance ne tiendrait qu'à la centration momentanée, même si elle est relativement durable, sur telle intersection particulière, jouant ici un rôle nodal, de tels mondes dominants. Mais que, pour une raison ou une autre, de modification d'environnement ou de déplacement ultérieur, le centrage s'effectue ailleurs, entraîné vers une intersection plus dense, de ce qu'elle est maintenant plus ou mieux opératoire, et c'est comme le dévoilement d'un autre « moi ». Pour tenir le tout ensemble, malgré fluctuances et variations, on parle de « facettes » d'un même complexe, sans concevoir que ce complexe même n'est peut-être qu'un leurre (ou alors que l'enjeu de la vie est précisément de le constituer en ajustant les incompatibilités de telle façon que s'emplisse l'intersection vide et que son contenu s'y densifie). Le premier point de vue est celui de l'incessante et inextinguible danse : le lieu d'une mouvance sans point fixe et dont le centre de gravité n'est qu'abstraction induite et non pas réalité vécue ; le second est celui de la possibilité d'une pause qui ne dénie pas la fluctuance mais l'ancre en un lieu géométrique vivant bien que stable et dont la constitution n'est pas un donné, d'emblée, mais bien le fruit d'une démarche, le résultat d'un travail, la fin d'une visée.

Passer par l'un pour permettre l'autre.

Reconnaître d'abord que ce qui se dit « moi » n'est que la fluctuance d'intersections aléatoires et qu'au fond, il n'est nul lieu, nulle place à désigner qui ne soit vacuité quant à la permanence ou quant à la tenue ensemble - fût-ce un seul instant - de ces mondes censés l'exprimer. D'un regard aigu qui part de tel lieu, d'une sensibilité exacerbée qui part de tel autre, d'une pensée paroxystique et vacillante ailleurs encore, dire et révéler à ce qui se croit « moi » qu'il n'y a que nudité et illusion, inconsistance et incompatibilité et pourtant, dans ce mouvement même, jeter le germe de ce qui pourrait être, sinon réconciliation, au moins la délimitation de ce qui pourrait constituer une place commune à peupler, pour tous ces mondes qu'en rien il ne s'agit de renier ou détruire.

Ainsi adviendrait à la Réalité cela même dont l'Irréalité est à d'abord reconnaître et dévoiler. À la Réalité ? À ce qui en est la possibilité plutôt, car le saut de départ, tout nécessaire qu'il soit, ne constitue que le seuil d'une démarche dont rien ne garantit quelque aboutissement et *a fortiori* quelque réussite.

Le « vouloir » en lui-même ne saurait, ici, jouer seul un rôle fondateur : il lui faut aussi commencer par se savoir comme fluctuance et vacuité quant au tout dont il se prétendrait l'expression ou la visée, et pourtant il ne lui faut pas moins se savoir lié à, conditionné par, tous ces mondes qu'il se doit donc simultanément de reconnaître et d'accepter comme briques indispensables de ce vers quoi il pointe au cœur de sa dénégation.

P

Septembre 1980-novembre 1981

PRINCIPE(S)

De la liberté pour les ennemis de la liberté ? Ou : « la lutte des principes comme substitut à la lutte de… » ?

Le « Principe » serait donc la seule règle à ne pas connaître de limites à son application ? La « loi » scientifique elle-même est plus modeste et moins totalitaire…

Mais que se passe-t-il lorsque deux « Principes », également forts, semblablement fondés, s'affrontent sur un même terrain ?

La lucidité – l'expérience – exige de reconnaître que ce n'est ni leur valeur théorique, ni leur antériorité éventuelle, mais bien l'opportunité pratique qui tranche, déniant d'ailleurs par là que la situation concrète relève vraiment d'une analyse en termes de principes à appliquer.

C'est peut-être contre un tel constat et le danger permanent d'opportunisme « utilitaire » qu'il comporte (pour ceux qui détiennent le pouvoir pratique) que s'exprime l'exigence de l'absolu du « principe » et de son intangibilité. La garantie de l'État de Droit intégral contre la violence de l'État de force.

Ce n'est pas au nom d'un « réalisme » résigné, militant contre un rêve évadé et impuissant, qu'une telle position serait critiquable : le rêve d'aujourd'hui engendre parfois la réalité de demain. Non, plus profondément, c'est que la lutte *contre* (contre la « négativité », contre l'atroce, contre l'inhumain…) est tout aussi fondée que la démarche *pour* (pour la « positivité », pour l'humanisation, pour le relationnel…), et qu'au fond l'un ne saurait aller sans l'autre, pour autant que l'enjeu terminal, l'aboutissement de la visée, soit une socialité réelle.

Aussi n'y a-t-il pas à se garder contre *tout* discours de la guerre, contre *toute* pratique de violence.

Savoir en désigner l'objet invariant, savoir en discerner et en exprimer publiquement les raisons et les causes, être en mesure d'indiquer ce que cela vise, c'est là plutôt que je chercherais les garanties quant à un usage infondé ou abusif d'un tel discours ou d'une telle pratique ; mais pas dans l'interdit, fallacieux de surcroît, porté sur leur existence même.

Fermer la bouche de Faurisson est un acte socialement et éthiquement légitime, tout autant que le meurtre de l'oppresseur exerçant son oppression dans l'ordre de la torture et de la mort.

Pas plus que je n'accepterai de me taire quant à l'utopie de fraternité sociale (en toute égalité et en toute liberté), je ne suis prêt à renoncer à *l'exercice* de mes refus et de mes révoltes.

R

11/7/1981

« REGNES »

Le minéral : la permanence inerte

Le végétal : la reproduction dans l'immobile

L'animal : la mobilité du reproductible

L'être humain : la parole

A chaque stade, un « plus » qui change la nature même du soubassement : qu'il y ait matière, qu'il y ait vie, qu'il y ait mouvement, qu'il y ait la parole (et donc le « social »).

16/7/1982

RELATION

Un cerveau, deux cerveaux, trois cerveaux…, leurs ajustements.

Tout, à chaque fois, toujours à réapprendre, et toujours plus, et à porter plus loin. Et quoi de plus que cette immense réappropriation, que cet extrême apprentissage, que cette quasi-infinitude à reprendre ?

Quand, la nouvelle mutation ? Quelle limite à atteindre, quelles limites en voie d'être atteintes… :

ininterruption de la chaîne des relations humaines, dans l'espace comme dans le temps, solidarisation des destins – convergence peut-être des volontés –.

S

21/9/1982

SOCIAL

S'individuer, c'est passer du nommable à l'innommable, pour autant que la nomination transforme du singulier en du (possiblement) communicable.

D'où cette difficulté d'avoir à nommer pour élaborer un social en ses relations et tout à la fois de ne pouvoir s'y résoudre, pour maintenir la singularité des protagonistes qui le constitueraient.

À moins de s'en référer à un langage où l'identité et son nom parviendraient à se dire mutuellement et exactement.

Ce langage ne véhiculerait plus de sens puisqu'aussi bien le sens est ce qui se constitue dans, et surgit de, l'écart entre la singularité même et le nom qui la communique, fût-ce nom propre ; ce langage de non-sens serait la réalité même, advenue dans la connaissance.

Faute d'un tel langage qui n'aurait pas de métalangage – ou qui serait son propre métalangage –, nous en sommes réduits au jeu du sens né des écarts et à la combinatoire signifiante des tenant-lieu.

SUJET

2/1/1981

1.

La démarche de pensée de « l'Occident » se caractérise d'abord par la nécessité de découper dans le réel et de produire des « objets d'étude » sur lesquels porte le processus de connaissance.

Dès lors que la pensée s'inaugure dans un tel découpage – dans une telle séparation –, le mouvement est inéluctablement lancé, qui mène à l'écart nécessaire entre sujet et objet, concepts produits par cette attitude même.

Comme étape ou comme aboutissement, la connaissance scientifique – avec tout ce que le mot comporte comme prise de position, point de vue, méthodologie – en est le fruit et le type industriel et technologique de société au même titre ; non seulement parce que la production scientifique rend possible la construction d'une telle société, mais aussi parce que l'écart creusé entre le sujet et l'objet la rend inévitable : ne pouvant réduire et nier la schize elle-même, puisque elle est condition nécessaire d'existence à sa survie même comme telle, la pensée occidentale – la civilisation occidentale – ne peut que substituer une dynamique de domination à l'impossible dynamique d'unification. Ne pouvant réintégrer le sujet dans « le reste du monde », puisque son altérité radicale est perçue comme condition à l'existence du concept sur lequel peut porter la connaissance (« le reste du monde »), la civilisation et la culture qui ont pris cette voie n'ont d'autre alternative que de tenter « d'oublier » le sujet dans une éternelle fuite en avant de la connaissance objective, tout en compensant son absence conceptuelle par une volonté de puissance pratique et l'exercice d'une domination concrète sur l'objet, quel qu'il soit.

Qu'une telle démarche soit vraiment source d'une forme de civilisation spécifique (la civilisation et la culture occidentales, industrialo-technologique) apparaît nettement lorsqu'on compare les formes de civilisation et de culture non fondées sur cette séparation initiale. Ainsi les points de vue extrême-orientaux sont-ils profondément étrangers, du point de vue de la pensée, à l'instauration d'une telle coupure : la distinction sujet-objet n'y est pas pertinente au sein d'une représentation unifiée et intégrée du monde où les articulations ne passent pas nécessairement par les frontières physiques des corps ou psychiques des esprits, telles que nous nous efforçons de les tracer… puis de les déceler. L'ensemble du monde phénoménal y est perçu comme solidaire – solidarité où tout « sujet » a sa place au même titre, et ni plus ni moins, que tout « objet » –. Pourtant coupure aussi il y a, sur laquelle viennent s'enraciner des représentations culturelles et de civilisation spécifiques ; mais elle est de nature radicalement différente : elle sépare *l'ensemble* du monde phénoménal (« sujets » et « objets » mêlés et unifiés), perçu, senti et pensé comme « illusion », mouvance et impermanence, d'un *ensemble* du monde qui serait la réalité dans sa vérité permanente. La connaissance est alors située comme recherche de la voie et du cheminement qui permette l'accès complet à cette réalité vraie, comme « production » dans le monde (et donc en nous) de cette harmonie (*cf.* la fable taoïste du faiseur de pluie[6]). L'objet de la connaissance est alors le monde tout entier pris dans son ensemble ; le bout éventuel par lequel on le prend importe peu, si bout il y a, puisque la solidarité, fût-elle inscrite dans un ensemble d'illusions, est partout affirmée ; il est compréhensible de prendre ce qu'on a le plus « sous la main » : nous-mêmes comme « sujets ».

---

[6] Fable évoquant une forte sécheresse et ce vieil homme à qui on demandait qu'il fasse enfin tomber la pluie ; il s'enferma alors trois jours dans une maison et il se mit à neiger. Comme on s'étonnait, il expliqua : « le monde (dont moi) n'était pas dans l'ordre céleste prescrit par le Tao. Je me suis donc isolé pour me remettre dans le Tao, si bien que celui-ci, satisfait, fit neiger » (DB).

Du coup la connaissance spécifiée qui porte sur un secteur, un quartier, du monde – la connaissance scientifique, par exemple –, si elle offre de l'intérêt comme démarche d'élucidation interne (d'éventuelles solidarités, même), n'est qu'un élément parmi d'autres au sein du phénoménal illusoire, quand bien même elle atteindrait à quelque balayage de voie autre pour en sortir ; en tout cas, elle n'est pas pertinente au projet d'advenue globale du vrai réel ; pire : elle contient en elle le risque de faire prendre des vessies pour des lanternes et d'instaurer de fausses démarcations entre l'illusion et le réel, si elle maintient la validité de sa coupure fondatrice qui, du point de vue où nous sommes maintenant, n'opère que dans l'illusoire.

Bien entendu, on comprend combien le type de culture et de civilisation fondées sur une telle position initiale peut différer des cultures et civilisations occidentales ; à la fois dans ses capacités matérielles de productions sociales et dans ses enjeux idéels et idéologiques de rapports et de relations au et dans le monde[7].

---

[7] Bien sûr, lorsqu'il s'agit de « démarche scientifique » ou de « rapport occidental à la connaissance », n'avons-nous souligné que le point de vue et la pratique des dominants en la matière : ceux qui sont à la racine du développement de cette civilisation spécifique, ceux qui y exercent une domination intellectuelle et matérielle hégémonique et en permettent la reproduction et l'extension ; ils sont étroitement associés à l'ordre masculin du pouvoir patriarcal, même s'il est peu aisé, hors de toute simplification abusive, de dégager clairement les relations de cause à effet, ou les rapports d'intérêts qui les unissent ou les rendent solidaires.

Car il est vrai que cette civilisation produit aussi le courant critique qui remet en cause, en même temps que la domination sociale du patriarcat, le diktat de la séparation sujet-objet dans le rapport au monde, y compris dans le domaine de la connaissance : vieille tradition minoritaire, souvent occultée, et publiquement reprise depuis peu par le resurgissement théorique et social du mouvement féministe notamment, qui, à côté de bien d'autres lieux d'intervention, tend à réhabiliter à côté de – et parfois contre – la méthodologie scientifique

Un intérêt nouveau et une excitation nouvelle à tenter de penser tout cela viennent de ce que, à la limite extrême de la connaissance et de la réflexion scientifiques telles qu'elles sont engendrées dans le mode d'approche occidental, se retrouve curieusement posée la question de la validité profonde de son propre fondement : la question de la séparation entre sujet et objet (de la connaissance).

La réintégration de « l'observateur » (dans le processus de mesure) comme élément constitutif de la démarche de connaissance scientifique en mécanique quantique et à travers la discussion actuelle du « paradoxe E.P.R. »[8] pose en effet cette question de fond.

14/1/1981

2. Communauté de Sujets

De toutes les déterminations, variées, contradictoires, qui constituent un Sujet – comme conscience de soi - : génétique, analytique, culturelle, sociale, chacune, quel qu'en soit le contenu, s'avère nécessaire alors même que le Sujet n'est réductible à aucune.

---

habituelle, avec ses exigences et ses contraintes, la valeur des savoirs sociaux, pas toujours formalisés, ni même explicités, dans lesquels restent mêlées en quelque mesure les positions de ce que pourraient être le sujet et l'objet.

[8] Paradoxe E.P.R. (pour Einstein-Podolsky-Rosen) : expérience de pensée (1935) visant à soulever une contradiction avec au moins l'une des trois hypothèses suivantes de la mécanique quantique : impossibilité pour un signal de dépasser la vitesse *c*, idée que la mécanique quantique est complète et décrit entièrement la réalité, et affirmation que, pour deux particules éloignées et indépendantes l'une de l'autre, chacune est localisée dans l'espace-temps (DB).

Ce qui fait, au niveau le plus profond, que communauté de sujets il peut y avoir, c'est la commune nécessité d'une telle constitution ; c'est aussi l'identité des bornes de toute expérience de Sujet, vécue ou sue : la naissance et la mort ;

Dans ces identités et similarités, se fondent d'abord, avant tout effet de contenu, de sens, les possibilités d'identification mutuelle des sujets au niveau le plus profond : base d'une collectivité possible, racine d'éventuelles solidarités qui, plus tard ou plus loin, s'empareront des contenus pour les mettre à leur service.

15/1/1981

3. Sujet-Objet

Facette : l'histoire comme histoire de la séparation entre un sujet et un objet, initiée dans cette coupure, s'ébranlant dans le mouvement de cette dialectique entre deux pôles qui, dans leur spécification même, engendrent le déséquilibre moteur chez les êtres humains, isolés ou en collectivités.

Histoire comme effort à surmonter cette coupure, une fois inscrite de ce qu'elle est reconnue pour *vraie*[9], ou pour la nier en l'occultant, notamment en construisant des représentations d'où le sujet se trouve expulsé : dire un vrai sans sujet, faute de pouvoir le dire sans un réel, encore que cela fut tenté.

La tragédie grecque est un moment d'une telle histoire, qui, à l'être humain limité, souffrant et priant, oppose un Destin fatal, indépendant des actes, intentions, volontés du sujet, et en cela le fonde comme séparé, tragique.

---

[9] Pour un développement plus approfondi de ce thème, voir : Francis Bailly, *Pour un projet d'humanisation*, L'Harmattan, 2017 (DB)

La religiosité antique et médiévale en est un autre, qui tente, tout en restaurant-instituant quelque liberté du sujet, de réapproprier le monde dans le sujet, ou mieux encore, de fondre le sujet dans le monde : suture éperdue où pourtant un des termes se perd.

La science moderne – contemporaines de l'État-nation, ce qui ne saurait surprendre – prend la suite dans son gigantesque effort à construire un réel sans sujet, pour en dire du vrai sans subjectivité. Il ne nous est pas indifférent d'apercevoir, aujourd'hui, qu'au terme de cette longue et triomphale marche, le ver était dans le fruit et que déjà « l'observateur » vient prendre un rôle qui ne devait jamais lui être attribué.

En contrepoint de la science, cette zone de connaissance qualifiée de « savoirs sociaux », qui, indépendamment de leurs contenus propres, font appel à des méthodes et des pratiques d'accès différentes des connaissances, se réfèrent à un état de séparation plus masqué – atténué ou antérieur –, moins revendiqué si ce n'est totalement refusé ; mais ils se trouvent cependant contaminés, en profondeur, de la problématique sujet-objet, dès lors qu'ils ne s'expriment plus en pratiques non « objectivées » comme l'on dit, mais bien sous la forme verbalisée et abstractisée qui souvent leur est demandée pour devenir « accessibles » selon les normes dominantes en vigueur.

En ce qu'ils font, dans ce qu'ils disent par leur expression propre de gestes, de contes ou de trucs, ils sont curieusement semblables à ce qui domine de connaissances dans les civilisations pour lesquelles cette coupure-là n'est pas pertinente et qui, de ce fait même, peuvent apparaître comme sociétés « froides », à évolution lente, sans histoire presque, lorsque livrées à leurs propres références.

(Ce n'est pas d'ailleurs que des coupures n'y opèrent pas, c'est plutôt que ce ne sont pas les mêmes ; la principale se situant non pas entre sujet et objet dans le monde, mais bien entre un monde complet, mais illusoire et subjectif, et un monde complet qui, lui, serait réel et permanent).

Or les savoirs sociaux en regard de la science ne peuvent fonctionner pour eux-mêmes : ils sont immergés, et, dès lors que des questions sont posées les concernant, elles le sont du point de vue du dominant, thématisant la séparation au cœur de ce qui cherchait à l'oublier, quand bien même il ne pouvait y échapper.

Comme si la séparation était œuvre de pensée d'abord et non de vie vécue.

18/4/1981

4.

A *me* penser comme sujet produit, je ne peux que me pénétrer, incrédule et émerveillé, de mon extrême improbabilité !

Ce qui peut être une façon d'aborder la radicale singularité que je constitue… et la façon qu'elle peut avoir de se résorber, non sans, cependant, qu'elle ait trouvé, curieusement, à s'inscrire au-delà de ce qui est elle et qui l'a produite et spécifiée, tout autant qu'aujourd'hui elle a produit et spécifié.

Et pourtant, dans le fait même que je sois produit et déterminé, que je me désigne comme nœud de ces déterminations, n'y a-t-il pas comme le jeu d'une nécessité ?

DEUXIEME PARTIE

SIGNIFICATIONS

A

ACTUALISER DES VIRTUALITÉS

06/01/1983

1.

Les capacités mentales d'associations, de mises en relation, la vie imaginative, l'ouverture sur la créativité qu'elles autorisent sont souvent présentées comme le résultat d'une élaboration, d'une mise en place sur fond de vacuité qui serait table rase ; une vision constructiviste en quelque sorte qui se générerait des rapports entre la personne et son environnement, entre la personne et les autres. Que cette dimension relationnelle soit tout à fait essentielle pour actualiser les virtualités, cela va de soi, mais peut-être serait-il concevable de l'aborder sous un angle très différent de celui qui nous conduit à voir s'articuler un sujet à partir d'éléments qu'il détiendrait ou qu'on lui ferait acquérir puis agencer.

Pourrait-on explorer les conséquences de l'hypothèse selon laquelle c'est un processus inverse qui s'effectuerait : que ces associativités cérébrales, ces mises en relation soient au contraire la base de départ (le fondement des virtualités, pour ainsi dire) à partir de laquelle se constitue l'individu dans ses rapports relationnels ; que d'abord elles se présentent comme fouillis d'indéterminations, proliférations multiples, instabilités variées et rapides et que, dans cet ensemble de possibilités, la vie et les rapports à l'environnement conduisent à en stabiliser certaines, à en mettre en sommeil d'autres, sinon à en éradiquer d'autres encore, au moins à les rendre inopérantes et inactives ; une façon de sculpture – fixant des limites, façonnant des creux, ôtant du déjà là – dans un donné surabondant et inapte à définir un sens de par sa surabondance même.

L'élaboration de l'individu comme sujet et nœud social tiendrait alors autant à la sélection par inhibition et organisation de ces capacités qu'à leur richesse et aux potentialités qu'elles offrent.

Le sens, plus généralement, s'inscrirait de par une certaine forme de mutisme, signifiant par son ordre et son intention, dans un ensemble partout éloquent plus que par une prise de parole durement atteinte après le silence de l'avant ou celui de l'ambiance.

Ainsi comprendrait-on que ce soit vraiment la mise en place de limites, même momentanées, même changeantes, dans l'indétermination, par excès d'un donné généreux, qui permette à l'individu de se constituer et au sens de s'élaborer ; que ce soit la restriction plus que l'apport, puisque tout est déjà disponible, qui confère la signifiance et indique qu'une orientation se dégage.

8/1/1983

2.

Le découpage dans la prolixité, l'inhibition dans les combinatoires incessantes mais aléatoires, au profit de sélections qui distinguent des éléments et ordonnent des rapports, voici qui peut paraître étrange pour évoquer le processus – si complexe et difficile au premier abord – de constitution d'un individu ou d'une collectivité. C'est qu'il nous faut bien considérer que nous partons d'un donné et que si c'est dans ce donné qu'on est amené à trouver ce qui en autorise la transgression pour faire place à ce qui naît de nouveau, c'est aussi dans cet acte discriminateur du choix – autonome ou imposé (socialement, culturellement…) –, dans la capacité à différencier et organiser ce qui se présente, que l'élaboration proprement dite s'effectue.

Effacements, inhibitions, définitions contraignantes d'un côté donc, transgressions innovantes par opérations de choix et de mises en ordre – soit donc, en effet, une « acquisition » d'une certaine façon – de l'autre, la question vient inéluctablement : quel rapport concevable ou déjà effectif entre un processus restrictif de mise entre parenthèses et un processus créatif de mise au jour, puisque l'un et l'autre apparaissent comme la double face de l'élaboration ?

Et ce qui, de potentialités éventuelles, fut écarté pour engager et porter à son terme le processus, cela est-il finalement récupérable et comment ?

Parler d'un processus créatif, c'est indiquer d'abord qu'on ne se contente pas du jeu d'une simple conservation : ce qui couvrait la plus large extension, mais à bas niveau, venant se rassembler, à contenu égal, en quelques zones de haute intensité ; ceci pour ne pas allégoriser sur une substance qui n'aurait qu'à trouver sa forme. Non, il s'agit de création, vraiment, comme suite à une élaboration dont on trouve certes le prétexte dans une disponibilité, mais dont la raison et la fin font innovation dans leur surgissement ; on peut, mais après coup seulement, en repérer rétrospectivement le germe et les linéaments, là où des virtualités demeuraient latentes, mais aussi, peut-être, là où des potentialités furent écartées pour que des limites soient tracées ; c'est que le geste d'un tel écartement pèse lourd par les déterminations qu'il traduit : desseins délibérés qui s'effectuent, interactions de forces constituantes – socialement, culturellement – qui s'exercent, et les effets qu'il entraîne : spécification de champs, organisation d'une complexité, induction d'élans et de nostalgies aussi ; c'est par le poids de ce geste que trouve en fait à s'imprimer le sceau de l'identité dans le mouvement même de l'identification pour l'individu ou la collectivité. C'est autant dans l'effort à écarter ce qui ne saurait proprement la constituer de façon dominante qu'à produire ce qui l'affirme au-delà du simple état de fait que l'identité s'élabore ; et il ne s'agit pas d'une dénégation seulement – se déterminer contre ou face à –, il s'agit d'une opération positive de choix et d'ordonnancement qui, de s'exercer, crée le contraste et exprime une poussée plus ou moins autonome.

9/01/1983

3.

Sera-t-on ainsi conduit à évoquer un équilibre qui s'établirait entre l'abondance et la disponibilité d'un donné généreux, d'une part, et d'autre part, la limitation rigoureuse imposée pour que du sens se dessine, de l'identité émerge à travers contraintes, restrictions, biffures ?

Équilibre, cela impliquerait la confrontation de forces antagoniques qui trouveraient mutuellement à se compenser, fût-ce momentanément ; cela laisserait entendre aussi que circule et se perpétue du manque, de l'un à l'autre, dont seule l'effectivité ici permet d'en supporter là-bas, tension qui peut être douloureuse sur fond d'aspiration jamais exaucée à une complétude qui permettrait de ne faire deuil ni d'un côté, ni de l'autre.

Or c'est de plénitude qu'il s'agit, ou devrait s'agir, là où se constitue et perce une identité, et non pas de simple compromis bancal entre tendances divergentes ; de conjonction effective par où s'exprime qu'une telle plénitude puisse s'atteindre, qui permette ensuite d'affirmer et de constater qu'un ensemble a bien été constitué. On ne lira donc pas l'opération qui contrevient, qui contraint ou retranche, comme inscription d'un manque : on la verra plutôt comme condition pour que ce qui se donne ne paraisse ni comme excès ni comme désordre de foisonnements incontrôlés ; ce faisant, ce qui, à travers elle, opère, n'ôte pas, bien que des creux se forment ; peut-être cela devient-il comparable à cette taille dont la réduction qu'elle impose se fait gage et condition d'une fructification à venir.

Car c'est dans la durée que s'inscrivent et l'apport et l'ébauche qui s'en extraient.

Ainsi voit-on l'abondance en appeler elle-même à ses limites pour qu'elle soit vraiment abondance <u>pour</u>, et les rigueurs restrictives ne trouver leurs raisons que dans ce même « pour », si l'on peut dire, même si leurs sources se repèrent dans l'intention même qu'il y ait un ensemble et non un tas. En cela donc se désigne un mouvement de convergence : exécuter le dessein, cela nécessite et l'apport et les limites ; la plénitude ne s'atteint que de savoir conjuguer l'un et l'autre ; telle la parole peut-être, où le silence trouve sa limite dans l'énonciation pour une relation et pour un sens.

11/1/1983

4.

Ira-t-on jusqu'à dire que la potentialité d'une limitation, d'une restriction, se repère déjà en filigrane dans la désignation de la surabondance et que celle-ci autorise celle-là ? Évidemment, tracer une frontière, exercer une contrainte, cela suppose quelque substrat qui s'y prête ; mais on pourrait argumenter en soutenant que le surgissement à l'existence dans le rien du tout est en soi-même trace dans, et limitation de, l'extension vide ; à cet égard, ce n'est donc pas un débat sur la substance qui est en jeu. Peut-être est-ce dans ce « pour » lui-même que nous venons d'évoquer, qu'il y a à trouver le prétexte au texte que va inscrire l'ébauche dans le donné. Le fait que ce donné soit donné *pour*…, cela indique que malgré la surabondance, tout n'y est pas et notamment le ce pour quoi il y a seulement disponibilité et pas encore effectivité (ce n'est pas qu'il s'agisse de traduire ce qui serait quelque part pré-inscrit abstraitement, mais bien de faire naître un nouveau, qui, d'être nouveau, indique que c'est bien une disponibilité qui se présentait et non un programme à dérouler).

13/1/1983

5.

Ce sera donc dans cet appel au passage à une effectivité que se repérera, au sein même du disponible, ce qui demande que les conditions pour ce faire soient remplies, elles aussi, et notamment que des contraintes s'exercent, que des rigueurs opèrent, limitant, modelant, ciselant, élaguant, écrivant, peut-être.

C

2/12/1983

CHAMPS SÉMANTIQUES

Une difficulté (parmi d'autres !) : l'énonciation d'un mot (nom) ouvre un *champ sémantique* affecté cependant d'une grande indétermination quant à sa structure interne et à ses limites ; une évocation tout au plus d'une possibilité de significations[10].

Les vrais éléments de sens, définis et caractérisés, ne trouvent à se condenser que dans le *rapport* qui s'établit entre deux mots (noms), entre les deux champs sémantiques qu'ils ouvrent ; les éléments de sens sont coextensifs à un tel rapport et ne sauraient se réduire à l'ouverture de tel champ pris isolément ; il y faut le contraste ou le recouvrement[11]. L'élément de sens est ce rapport même.

L'articulation des sens et des significations est donc à trouver dans l'articulation de ces rapports qui, en retour, chargent néanmoins les termes susceptibles d'y prendre place de cette spécificité diffuse de pouvoir évoquer un champ sémantique particulier.

---

[10] Ressemblant en cela au rapport entre une fonction d'onde et la densité de probabilité à laquelle elle est associée.

[11] Ressemblant en cela à la « réduction du paquet d'ondes » associée à la mesure qui donne un résultat bien défini à partir des probabilités antérieures.

En tant que sens, les mots pris isolément sont inopérants, mais ils ne sont pas rien, car ils sont condition de sens : ils mettent en place des possibilités que seuls leurs rapports actualisent. C'est qu'on ne trouve pas n'importe quel mot dans un ensemble de séquences de sens parentes ; et réciproquement.

Un corollaire de cette difficulté vient de ce qu'il est donc difficile de préciser à quoi assigner ce qu'on peut appeler le concept. L'attribuera-t-on au champ sémantique ouvert par le mot (et ainsi, secondairement mais légitimement, au mot lui-même) ou au contraire à l'élément de sens que constitue le rapport entre deux champs sémantiques (deux mots), mais en ce cas, que pourrait-on associer d'opératoire ou de désignable au mot lui-même ?

On pourra peut-être distinguer, pour lever cette difficulté, deux facettes de l'élément de sens (du rapport), selon qu'on l'approche à partir du centre d'un champ (d'un mot) ou de l'autre. Ces deux facettes, quoique distinguables, sont indissociables puisqu'elles ne font que représenter deux aspects d'un seul et même rapport (élément de sens).

Le concept serait alors associé à l'approche de l'élément de sens à partir d'un champ sémantique donné. Il comprendrait en lui-même, mais comme virtualité, à la fois le mot source et un élément de parcours vers un autre mot (cible) avec lequel le premier fait sens. Il désignerait ainsi le couple constitué par le mot et un élément de sens associé (du fait qu'un autre mot est en jeu, même si ce n'est pas explicitement).

Ainsi, à l'ensemble constitué par deux mots et un élément de sens, correspondraient, selon l'approche de l'élément de sens – à partir d'un mot ou de l'autre – deux concepts. Ce qui permettrait de comprendre qu'on tende à associer le concept au mot, en oubliant que l'élément de sens qui lui donne corps, pour ainsi dire, ne se constitue que dans le rapport.

(De ce fait, une qualité abstraite – telle une couleur par exemple – ne saurait constituer à proprement parler un concept car aucun élément de sens n'y est réellement associé, simplement une nomenclature – à moins d'avoir « substantivé » la qualité –. En revanche, le rapport entre deux couleurs, par exemple, peut constituer la base d'un tel élément de sens).

Le mot qui fonctionne comme valeur de *« verbe »* représente peut-être – par le rapport implicite qu'il appelle – l'approximation la meilleure du conceptuel à l'œuvre (c'est-à-dire, rappelons-le, du couple constitué entre un nom et l'élément de sens potentiel qu'il comporte dans son rapport avec un autre nom).

COMPRÉHENSION

14/12/1982

1. Compréhension intellectuelle/affective

Ce qui se comprend du côté de la rigueur et de l'explication et ce qui se comprend du côté de l'affectif, du ressenti, jusqu'à quel point cela reste-t-il incompatible ou même étranger l'un à l'autre ? Une pensée, une vie consciente n'expriment-elles pas le tissage et n'assurent-elles pas l'unification de ces fils qui se présentent d'abord comme hétérogènes ?

Mais l'utilisation du même terme, la compréhension, selon qu'il s'agit d'opérations logiques et intellectuelles et selon qu'il s'agit de pénétration et d'appréhension affectives et sentimentales constitue peut-être un abus de langage, le masque derrière lequel s'effectuerait une fausse unification, l'impasse pour une démarche fondée. Si l'on est à peu près au clair en effet avec ce qu'indique la compréhension intellectuelle, il n'en est pas de même avec ce versant de la connaissance qui relèverait d'une approche moins discursive et analytique et sur lequel se trouverait investi l'élan d'une subjectivité qui se donne d'emblée et qui pourtant montrerait suffisamment de capacité d'évaluation pour qu'on puisse encore parler de connaissance.

Serait-il concevable que ce qui se thématise si naturellement dans le maniement des limites imposées et imposant la distance, devienne accessible en des termes comparables (au sens où un rapport devient possible qui ne soit pas incommensurable), là où la proximité du pur échange défie le regard et l'objectivation ?

Car comprendre, dans le registre de l'affectif, c'est d'abord se reconnaître – même par contraste – par la possibilité et l'exercice de l'échange ; et non pas seulement dans l'échange réifié d'un objet, fût-il langagier ou symbolique, mais aussi dans la capacité de l'échange des places tenues par les protagonistes.

Il y faut un élan, ce désir subjectif d'accomplir la proximité, et aussi qu'un jeu subtil se joue qui implique la circulation d'une place vide dont la virtualité seule assure qu'une compatibilité de correspondance soit envisageable.

(Sinon, comment pourraient communiquer les compacités des identités, hors de ce creux du langage ?)

Le moment critique de cette compréhension spécifique réside donc dans la reconnaissance même que permet l'échange : pouvoir s'y reconnaître, pour ensuite, dans un second temps, être en mesure d'assigner à tel ou tel repère ce qui lui correspond – en plus ou en moins, statiquement ou dynamiquement – de notre identité. Dès lors, la connaissance se constitue de la trame relationnelle et de l'écho ou de la pertinence qu'elle trouve dans le sujet qui assure et assume tout ou partie de la relation : la connaissance est ce rapport et le support qu'il trouve pour exister et perdurer en qui le cherche.

L'exactitude d'une telle connaissance, la puissance d'une telle compréhension résident moins, alors, dans l'identification de qui se confronte à ce à quoi ou à qui il se confronte, ou encore dans l'isomorphie des opérations à l'œuvre en celui-ci et celui-là, qu'en l'activation adéquate de virtualités qui trouvent à s'exprimer, ne serait-ce que dans l'imaginaire de qui comprend, selon des démarches correspondant à celles des processus mis en jeu pour poser affectivement l'identité de ce qui se donne à comprendre.

Réciproquement, l'erreur trouve sa source soit dans la débilité de la relation elle-même qui, par exemple, se trouve rompue d'un retour précipité à une sorte d'autisme, soit dans l'incapacité à lui faire correspondre des émotions signifiantes, par exemple par manque d'expérience ou d'imagination.

Ni fusion donc – s'y perd l'écart permettant qu'une relationalité de proximité s'établisse qui maintienne l'identité comme possibilité de compréhension – ni pure extériorité qui rendrait l'échange impossible ou interdirait à la relation de trouver dans l'identité ses correspondances.

La place vide qui autorise qu'échange il y ait, participant et de cette distance qu'implique sa vacuité et de cette proximité qu'implique sa circulation entre des pôles où elle ne se réduit jamais toute, sans jamais non plus en être totalement évacuée.

S'explique ainsi ce qui fait l'apparence, le sentiment de globalité d'une compréhension dans le registre de l'affectif, par contraste avec l'approche généralement parcellaire et analytique de la compréhension intellectuelle, telle qu'elle se donne dans la logique.

C'est peut-être aussi que, le plus souvent, ce qui se fait comprendre, ce qui est à comprendre selon ce registre concerne plus l'humain, en son identité relationnelle et émotionnelle[12], difficile à réifier par effet d'assimilation, que les choses, dont il est plus aisé de se considérer séparé et radicalement différent et sur lesquelles un discours d'objectivité peut être tenu. La reconnaissance fait alors appel à une ressemblance qui opère comme un acquis, qu'il ne reste plus qu'à spécifier, étant bien entendu qu'elle trouvera des éléments de correspondance en qui comprend.

Pourtant, une telle ressemblance s'avère souvent illusoire et la difficulté de compréhension affective ne se révèle pas moindre que celle de la compréhension intellectuelle ; c'est que l'impasse ne peut être faite sur ces singularités que constituent les identités propres des sujets, qui les rendent différents bien que semblables ; et souvent, domine en fait le malentendu plutôt que l'erreur, l'ambiguïté plutôt que la méconnaissance ; le faux savoir affectif devient alors source de conflits et origine d'incompréhensions supplémentaires, à la mesure des émotions

---

[12]Et les lieux où il s'investit massivement en tant que tel et en tant que sujet ressentant (l'œuvre d'art par exemple).

mises en jeu et de l'investissement des sujets dans les processus sentimentaux qui sous-tendent eux-mêmes le souci de comprendre.

Il peut être instructif d'enquêter sur les effets de ce chassé-croisé que constituerait tel mode d'approche à tel secteur d'investigation : la démarche intellectuelle objectifie et, à travers la psychanalyse par exemple, entend comprendre un sujet, ses émotions, son affectivité, par l'étude de son désir, cet objet que cette science se constitue pour parler d'un sujet..., qui fuit d'avoir été ainsi réifié ; inversement, c'est l'objet qui se dissout lorsque l'engagement affectif entend rendre compte, magiquement en quelque sorte, des propriétés de ce en quoi il s'investit.

D'où la question d'un ordre : celui qui s'instaure de ce que s'assignent exactement les modes de compréhension à qui comprend et à ce qui est compris. Mais se résoudra-t-on à une telle dichotomie et se contentera-t-on de l'enregistrer ? L'unité qui fait un individu a plus à dire et à évoquer que ces stricts partages : elle en prend acte, elle en use mais en même temps elle parvient à s'en nourrir, comme unité singulière pour subsister et devenir. La compréhension atteint alors ce stade où ce qui se sent et ce qui se sait deviennent l'un et l'autre indispensables pour aborder à la relation, tout en ne parvenant jamais à se subsumer mutuellement, si ce n'est dans ce qui, comme mouvement, s'en trouve généré.

30/11/1982

2.

Mais peut-être est-ce dans l'instant seul d'une telle génération que deviennent vraiment coextensives compréhension intellectuelle et compréhension affective. Dès que la durée s'installe, comme l'approche fut différente, diffère le développement.

Pour l'intellectualité, c'est dans la distance discursive que s'universalise de ce qui fut acquis ponctuellement ; pour l'affectivité, c'est dans le jeu de la proximité que parvient à se singulariser le diffus du relationnel.

Une double démarche donc, qui trace un chiasme entre distance et proximité, intimité et universel, et dont le point commun serait la fulgurance de la connaissance même, comme surgissement. Deux modes d'approche pour deux modes de développement, mais qui, de leurs altérités, parviennent à extraire cette commensurabilité, cette identification presque, le fait d'avoir pu porter au jour de la compréhension, d'avoir partagé cet éclair entre les pôles de la connaissance.

Mais de pouvoir exister, ce point de concours fait signe et doublement : signe d'une éventuelle source commune aux démarches qui mènent à la compréhension, et signe d'une éventuelle confluence de leurs développements.

Puisque déjà une communauté, fût-elle ponctuelle et reconnue au moment qu'advient l'innovation de connaissance, pourquoi ne s'interrogerait-on pas, en effet, sur une communauté originaire comme sur une convergence de significations ultimes ?

Cerveau droit, cerveau gauche, certes, mais un cerveau quand même, et c'est la même bouche qui énonce les théorèmes ou qui dit « je t'aime ».

31/12/82

3.

De ce que connaître est le fruit d'une mise en rapport féconde de termes distinguables, on imagine ce qui pourrait donner lieu à ces termes mêmes : une forme d'illimité en somme, du fait que la série des causes ouvre sur des causes qui ne sont plus causes puisqu'un sujet est né, que rien, seul, ne laissait envisager.

De ce que connaître est source d'un épanouissement qui investit toutes les dimensions de l'existence de leurs multiplicités variées, on imagine corrélativement ce qui pourrait offrir asile au recueil de ces variations où ce qui - de maîtrise - a pu être acquis, parvienne à ne plus se confondre avec l'exercice d'une domination. Pour y tendre, il faut bien qu'une disjonction ait été entérinée entre ce qui se dit de la distance et ce qui se joue de la proximité.

Transposera-t-on dans le rapport – ou le fossé – entre le collectif et l'individuel ?

Se parler, bien sûr, c'est comme une distance qui s'instaure, mais c'est aussi ce qui fait et exprime le social ; il y a comme une homogénéité entre cette affirmation d'une société et cette activité de parole ; mais dans l'intimité, de toi à moi, de moi à toi, comme cette parole est difficile et comme elle paraît pauvre, à dire ou rendre compte de ce que nous mettons en jeu de connivence pour nos relations !

Réciproquement, se sentir, se percevoir, et l'intimité d'une proximité, cela va de pair, cela se définit mutuellement ; mais dans le collectif, l'éloignement est tel qu'on ne trouvera qu'ironie ou dérision à devoir l'évoquer, même pour un futur.

C'est qu'entre le plein de la parole et le vide du sentiment, ce qui s'échange n'est pas identique, bien qu'échange, indubitablement, il y ait, même s'il prend les formes dégénérées du marché ou du faux-semblant.

D'où cette interrogation : comment faire se correspondre la circulation de ce qui se présente d'abord comme une case vide dans l'ordre de l'affectif et du sentiment et celle de ce qui s'impose d'abord comme parole pleine dans le registre du social et du collectif ?

Ou trouverait-on que cette vacuité du sentiment, en ce qu'il s'exprime dans le pur échange, le don en tant que tel, corresponde à cette densité apparente de ce qui doit circuler pour constituer un ensemble qui ne soit pas que fantomatique ?

C'est dans la mobilisation même, finalement, et le désir ou la volonté qu'elle traduit.

Active ton cerveau gauche, comment ton cerveau droit n'en serait-il pas affecté ; anime ton cerveau droit et ton cerveau gauche devra en assumer l'effet ; c'est que, même s'ils ne sont point l'un à l'autre substituables, ils ne sont pas plus inéluctablement séparés ; au contraire, toute compréhension, intellectuelle ou affective, passe par leur mise en rapport, même si la dominante initiale ou finale change.

Du point de vue de l'objet spécifié, le lieu où se pense et s'organise l'arithmétique se distingue-t-il radicalement de celui où s'éprouve et s'ébranle l'amour ?

31/12/1982

4.

Alors que dans le registre de l'intellectualité, il faut, pour comprendre, associer la plus grande concentration et la plus grande extériorité – l'immanence presque – de la rigueur conceptuelle, dans celui de l'affectivité, ce qui est à conjoindre pour comprendre semble d'abord beaucoup plus hétérogène : la vigilance sourcilleuse d'une disponibilité polarisée et la spontanéité de l'élan vers une immédiateté d'intersubjectivité.

Percevoir d'un côté, par la prise en compte la plus minutieuse, les flux et courants sentimentaux qui s'enchevêtrent, la ténuité parfois de filets, bien masqués mais orientants, au sein des grands flots affichés mais stéréotypés, les turbulences de tendances apparemment antagonistes et qui ne trouvent leur convergence que dans un au-delà de leur survenue, et d'un autre côté, se laisser soi-même porter par la vague comparable qui nous anime, la partager, la vivre avec l'autre dans la relation qui s'établit. La compréhension, dans l'ordre de l'affectif, exige et réalise ce tour de force de nous faire participer de ce que nous avons à comprendre, tout en ne nous y perdant pas, à la pointe d'une proximité et d'une distanciation, au seuil de l'émotion indicible et de sa désignation discursive.

L'excès d'un côté ne nous fera atteindre que les « ressorts de l'âme humaine », une analyse qui ne permet pas la compréhension de *qui* est le partenaire mais seulement, dans le meilleur des cas, des mécanismes comportementaux où son identité se perd, si ce n'est comme possible combinatoire de rouages élémentaires – physiologiques, psychologiques, inconscients – ; l'excès, de l'autre côté, conduit à une perte semblable de l'identité : le fusionnel de l'ineffable ne permet pas le jeu subtil de la mise à distance qui sous-tend la relation ; l'autre est ramené au flux des émotions qui nous traversent en empathie, sans qu'il se génère une connaissance de ce qui se présente ainsi comme confusion.

Bien sûr, il se peut que l'affectivité puisse se trouver mobilisée dans une compréhension de ce qui n'apparaît *a priori* que comme « objet » : une œuvre d'art, un rapport à la nature, qui mettent en branle moins les capacités d'approche intellectuelle que les correspondances sensibles et émotives. La relation devient alors à la fois plus simple et plus complexe : elle se boucle de nous-mêmes à nous-mêmes, mais non pas en tautologie ou en autisme ; elle se spécifie par son parcours où se reconnaît que de l'humain s'est investi, dans l'œuvre d'art par exemple, ou encore du fait que de l'humain, en général auquel nous reconnaissons alors notre appartenance, se pose en rapport à ce qui ne l'est pas, comme si ce qui se présente se donnait à l'humain pour que celui-ci vive et prenne conscience de sa position. Le jeu de la distance devient clin d'œil à l'appartenance à un même ensemble de communicabilités, ou encore, au mouvement qui nous pose dans notre singularité, apte cependant à saisir et traiter, pour nos émotions et nos sentiments, ce qui s'offre dans ce qui, de cette prise de position, est caractérisé comme extériorité ; d'où, souvent, le besoin de partage, pour n'être pas solitaire en cette position, qui accompagne cette appréhension.

30/12/1982

5.

Un en deçà de la pensée, cela ne se trouve ni ne se dit : sa réification serait déjà extériorisation si ce n'est conceptualisation ; l'origine de ce qui se conçoit ne saurait trouver sa définition, en son sens limitatif, dans les termes de ce qui est conçu. Tout au plus parviendra-t-on à repérer l'ébauche d'un mouvement qui, d'aboutir à une pensée, à une conception, fait signe de ce qu'origine il puisse y avoir, moins à ce qui est pensé qu'au mouvement qui y aboutit. La trace d'un procès, donc, que rien n'autorise mais qui ne saurait se saisir en lui-même sans ce qui fait sa fin, la pensée, qui, de son côté, de ce qu'elle s'est constituée, se présente comme pouvant en être la raison, qu'on ne confondra pas avec la source. Rien, d'ailleurs, ne permettrait d'authentifier la métaphore, si ce n'est, peut-être, que l'aboutissement d'un jet se signale, dont il n'est pas illégitime, bien que vain en nos catégories, de tenter de remonter le cours vers ce qui lui a permis de venir au jour, se présenter comme pensée d'où tout le reste procède. Mais d'où procède qu'un tel jet soit possible, c'est peut-être une question qui n'a pas de sens en ce qu'elle présuppose une topique à ce qui ne saurait *a priori* ni s'y conformer ni s'en inspirer ; moins que d'espace à circonscrire, il s'agirait d'une durée à initier et moins que d'un temps à spécifier, viendrait en jeu le joueur même : *qui* naît et commence à s'identifier et dans quels rapports.

De même, un pur au-delà de ce que la pensée pense, un pur au-delà de l'existence, cela a-t-il un sens, si ce n'est celui qui lui est conféré par le mouvement de ce que vit son « pas encore », de ce à quoi il tend. Mais pour y atteindre, cela demeure hors du champ, puisque précisément et à nouveau, ce n'est plus de champ qu'il s'agit mais de ce pour quoi telle existence, telle pensée, telle menée sont venues au monde. Dans la relation, le protagoniste ne saurait se réduire à son partenaire – la relation s'évanouirait comme telle, qui ne s'établit qu'entre singularités – et pas plus ne saurait-il se dire exhaustivement dans le mouvement de la relation elle-même : c'est aussi à travers elle, dans son autonomie, que s'élaborent les protagonistes ; dans l'alliance, l'allié ne saurait se trouver seulement dans qui nous sommes ni non plus dans l'élan qui nous anime : il y a toujours une singularité qui point, une altérité à connaître.

6-17/3/1983

6. Comprendre

La façon de comprendre demeure-t-elle dans ce qu'on a compris ? Comme une rémanence du trajet parcouru dans ce qui le totalise. Et si l'on retranscrit ce qui fut compris dans les termes généraux et impersonnels d'une déductibilité abstraite, parlera-t-on du même objet d'intelligibilité que celui auquel on adhère, de l'avoir soi-même et progressivement mis au jour ? Ce qui reste de la démarche, sera-ce une simple manière de présenter ce dont il s'agit ou cela se lit-il encore, et combien de temps, en ce que c'est ? Les images qui le représentent, les associations qui le circonscrivent, le langage qui le véhicule et le métalangage même qui l'indique, à partir de quand, à partir d'où, s'en déprendra-t-il ?

Le mythe renvoie à une connaissance qui ne s'appréhende qu'avec toute la démarche qui l'a constitué ou qui lui a permis de venir au jour : entre ce qui y est compris et la façon de le comprendre, l'adhérence est considérable et le connu parle toujours d'une histoire ; celle qui en est la source et celle en laquelle il se déploie. L'énoncé scientifique, au contraire, se présente d'abord comme impersonnel et anhistorique : ne doit ni s'y retrouver ni s'y reconnaître la façon dont le résultat qu'il exprime a été obtenu ; la voix qui l'expose est intemporelle, comme l'acquis qu'il signale se place hors de la durée.

9/8/1981

CONNAISSANCE

En quoi le monde se trouve-t-il modifié de ce que nous le connaissons ?

Non pas d'éventuelles conséquences que l'on pourrait tirer ou dériver de cette connaissance ; pas, non plus, de *notre* modification associée au fait que nous faisons partie de ce monde (ce serait vraiment trop facile !). Non, une modification réelle du non-nous, de par *notre* acte de connaissance lui-même.

Un exemple (qui se rejette comme explication puisqu'il s'agit de *nous* réduire aux seules interactions physiques, mais qui nous éclaire dans le Sens de la question elle-même) : qu'il y ait égalité de l'action et de la réaction, dans le système de la physique, fût-elle quantique, implique la transformation concomitante de l'observateur (ce n'est pas encore un Sujet !) Et de l'observable (ce n'est plus une Réalité !) ; la mesure, comme acte, modifie le mesurant et le mesuré ; ce faisant, elle suggère qu'il y ait un rapport entre les deux qui ne soit pas de pure extériorité.

Cela situe peut-être mieux la nature de la question et permet de la reformuler avec moins de risques de malentendu sous l'angle suivant : quel est l'effet de l'opération de connaissance sur l'objet de la connaissance (en laissant pour l'instant de côté ce qu'il en serait du Sujet de cette connaissance) ?

13/9/1983

CRÉATION

Ni catégorie, ni faculté, l'intelligibilité est effectivité d'un rapport (qu'un rapport soit possible, qu'il s'effectue, qu'il s'exprime).

La création, l'innovation se logent en général dans le jeu des modalités selon lesquelles ce rapport s'effectue.

La radicalité dans la création serait que s'établisse un rapport là où il n'y en avait pas (et non seulement que devienne différente la modalité là où il en existait déjà une – sauf à disparaître ?).

16/3/1983

CULTURE

Les objets physiques (naturels) pertinents pour la connaissance sont spécifiés par les civilisations ; c'est la culture qui détermine leurs attributions et les caractérise après les avoir prélevés en tant qu'objets signifiants sur ce qu'elle se représente comme le réel.

Les cultures et civilisations sont déterminées par l'effet contraignant d'un réel physique concret qu'elles sont conduites (pour survivre et se développer) à traiter et à abstraire ; les représentations qu'elles se donnent sont étroitement dépendantes de ces éléments objectifs de réalité ; elles sont subordonnées à la nature intrinsèque de l'environnement qu'ils constituent.

La façon de découper ce qui se donne comme environnement, et donc de l'interpréter, est l'expression d'un système de représentations des rapports d'une culture au milieu dans lequel elle se considère comme immergée ; les significations sont conférées par cette culture aux signifiants qu'elle s'y choisit, après en avoir délimité le cadre d'intelligibilité.

L'intelligibilité est induite, dans la capacité de connaissance que détiennent les civilisations, par la rationalité objective des rapports entre composants indépendants du regard qui les cerne ; l'effort culturel consiste précisément à dégager cette rationalité en termes intelligibles pour les civilisations qui les constatent et les découvrent et qui ainsi s'en trouvent modelées dans leur approche du réel.

Qui, de l'œuf ou de la poule, aura préexisté… ?

L'autonomie d'une culture ne saurait entamer celle de son cadre référentiel, non plus que l'inverse et cependant, ce n'est que de leurs relations mutuelles qu'il peut être question et de leurs (in)déterminations réciproques.

D

1980

DEMAIN

Demain… Tout bascule dans l'effort à en cerner les contours, à en spécifier le contenu.

Le regard qui embrassait le passé et le réinterprétait devient soudain myope, inadéquat. Car Demain n'est pas une question au regard ; c'est une question au désir et à l'acte.

Le possible du discontinu, de la rupture, du différent radical, disqualifie la certitude de l'acquis et du cumulé, et invalide l'éventuel définitif de toute compréhension.

La Pensée, à se projeter au-delà de ce qui l'a fondée, devient incompétente ; forgée par l'élucidation du mystère passé, elle s'épuise sur le mystère à venir.

Et pourtant, qui ne sait, qui ne se doute au moins, pour l'avoir tant de fois vécu, que les ornières d'hier et d'aujourd'hui sont déjà rails pour demain ; qu'il n'est pas d'instant qui soit barrage à tous les flux, à tous les flots qui nous submergent et nous portent, si ce n'est celui de la mort même ?

Il y eut tant de demains possibles, inaccessibles au regard, que le regard a resitués, inlassablement, dans quelque continuité, exerçant son acuité à révéler les traces que l'advenue de ces demains voulait dénier. Contester ce regard, mettre en évidence qu'il est partiel et relatif, incomplet et jamais achevable, décréter même qu'il est illégitime, tout cela ne peut faire qu'il ne soit pas et qu'il opère à tracer toujours plus loin les ornières.

Et pourtant, qui ne sent, qui ne perçoit, pour l'avoir parfois vécu peut-être, pour désirer le vivre au moins, que du Nouveau, de l'inattendu, du différent, surgit aussi au cœur même de courants ininterrompus. Tout comme si la répétition des certitudes et des « déjà là » se révélait conditions d'apparition de ce Nouveau qui les trouble et les subvertit. À se situer d'un tel point de vue, c'est la volonté de démêlage de l'un et des autres qui devient illégitime. Autant dire que la force de leur opposition – comme pôles spécifiés – est bien moindre que celle de leur interaction – comme nœud insécable – ; ou alors il y va de jouer les Alexandre[13]. Il me semble clair que c'est bien de cela qu'il s'agit : vivre, c'est désirer et être désiré, vivre, c'est agir et être agi, vivre, c'est trancher et être tranché.

En ce sens, le Nouveau, c'est le lieu de rencontre entre notre désir et le désir de l'autre, entre notre action et celles qui nous agissent ; c'est une certaine coïncidence des coupes que nous effectuons et de celles qui nous effectuent, individuellement ou collectivement.

Comment ? Pourquoi ? Le Nouveau est-il Nouveau précisément de ne pouvoir y répondre au moment qu'il survient ?

Ce serait dire qu'en son apparition, il échappe à toute causalité rationnelle discursive. Celle qui après coup le réinterprète serait seulement celle qu'il a fondée du fait qu'il a existé.

Mais ce Nouveau que je sens, avant qu'il soit là, se profiler, ce Nouveau qui pour venir à l'existence peut dépendre de ma volonté, de mon désir, de mon acte fondateur (individuel ou

[13] Alexandre le Grand (356-323 avant J.C.), roi de Macédoine, puis Pharaon d'Egypte et Souverain de Perse, fut l'un des plus grands conquérants de l'histoire. De tempérament passionné, mystique et réaliste, il est connu pour son extrême volonté, allant jusqu'à l'entêtement (DB).

collectif), peut-on en dire qu'il soit totalement contingent et a-causal ? Non pas, bien sûr, au sens d'une nécessaire inscription dans un processus rationnel, mais comme pouvant trouver des sources, des racines, dans le non-rationnel aussi. Dans le Désir.

Ce serait alors, à vouloir à tout prix rationaliser ce Désir – au moment où il s'exprime comme démarquage de manque et de frustration – et qui le fait naître, que le Nouveau y perdrait son caractère même de Nouveau, mutilé de tout le mouvement qui l'opposa à tout ce qui était, senti comme non suffisant, donc à surmonter.

Ramené au Désir d'aujourd'hui, Demain se comprend peut-être. Mais comprendre le Désir même ? Et ce qui fait qu'un jour il n'opère pas et un jour si, en ses multiplicités.

Repérer ses sources dans des limites, ce n'est pas dire ce qu'il est ni comment il se constitue. Dégager les traces de ses fonctionnements, ce n'est pas expliquer comment il opère.

Rétif à la Raison, il est une autre dimension de l'être, où Demain trouve son élan à advenir tout autant que dans le projet prévu et rationnel.

Et c'est cette dimension qui se dérobe dans l'effort explicatif à relire rationnellement ces demains nouveaux déjà passés.

Le discours désirant (rarement langagier) dit autant de Vrai sur nous et sur le monde que le discours de la Science ; tout autant, il est discours de Connaissance ; en plus, il meut.

Aussi, ces vrais demains auxquels j'aspire, n'est-ce qu'en termes poétiques, en termes utopiques, que je peux les exprimer les plus authentiquement. En ce qu'ils viennent des lieux de mes désirs, même si j'y reconnais des trames raisonnables.

Et s'il est vrai, au moins en partie, que nos désirs se constituent de longues chaînes désirantes et à travers les désirs des autres, les demains que nous portons en nous doivent être de très vieux et de très lourds héritages. Ce qui fait curieusement que le Nouveau qui surgit peut bien être un familier en quelque lieu du désir, même s'il fait rupture, et radicale, sur le terrain de la continuité rationnelle. En ce sens, le nouveau renvoie à la méconnaissance des désirs – méconnaissance comme incapacité à connaître rationnellement – en quoi sont concernées les fibres poétiques, artistiques, émotionnelles.

N'est-il pas étrange au demeurant qu'ainsi, quelque méconnaissance rationnelle constitue un espace de liberté où surprise et nouveau puissent surgir ; alors même que toute rationalité, sur son terrain, exige connaissance comme condition et liberté de faire advenir ce qu'elle interprète ensuite en termes de nécessité ?

I

29/8/1981

IMAGE

Image ? Suggestion ?

Soit, d'un côté, le fonctionnement complètement rationnel du logico-déductif dans la conscience : les voies de la raison et du contrôle conscient.

Soit, d'un autre côté, le fonctionnement spécifique de « l'inconscient », ses associations, ses analogies.

Celui-ci dans son autonomie, ce sont les rêveries, les fantaisies, les phantasmes ; celui-là dans la sienne, c'est la recherche de connaissance dans les déterminismes.

On peut dire que dans le secteur du « vécu », la coïncidence de l'un avec l'autre, ce qui y circule, c'est l'affect ; mais dans le domaine délimité qu'est la connaissance, cette coïncidence, cette circulation, c'est l'intuition ; comme une irruption au sein du logico-déductif de ce qu'en sent le rêve et la fantaisie, comme une irruption dans l'inconscient des objets et des finalités de la conscience et le tout dans un même mouvement, ce qui en fait la spécificité ; la rareté aussi peut-être.

Inexactitude de l'image et, à certains égards, sa pauvreté, par rapport à la question du « miracle », qui malheureusement n'est pas homogène à celle de l'intuition !

21/2/1983

INTELLIGIBILITÉ

Découverte ou conférée, l'intelligibilité ? Mise à jour ou construite ?

Qu'il puisse y avoir intelligibilité, c'est comme si cela se donnait ; qu'elle devienne effective, c'est comme si le développement qu'on lui faisait subir la menait à l'orée du jour ; elle se condense en la connaissance qui n'est autre que l'appariement entre cette virtualité et son développement, appariement qui fait sens et ouvre au jeu des significations.

Si je suis en mesure d'opérer, de discerner, c'est d'abord qu'il y a quelque chose qui se prête à cette discernabilité et qui, de s'allier à elle, de tenir avec elle, fait savoir et connaissance ; mais cette connaissance même, à quoi fait-elle allusion, que retranscrit-t-elle ? Et par cet « il y a », désignerait-on un lieu d'où il procède ? Un lieu qui tout à la fois serait partie de cette intelligibilité, puisqu'elle permettrait qu'elle ait lieu d'être, et ne s'y réduirait pas en ce qu'elle en constituerait la condition de possibilité : à la limite de l'endogène et de l'exogène, de l'interne et de l'externe, qui fait sens relativement à ce qui en découle, et simultanément pourrait – en soi – ne pas en avoir.

D'où vient qu'il y ait occasion à intelligibilité ? De rien, de moi. De ce que j'aurai pu élaborer le sens, et de ce que je l'élabore.

Qu'une connaissance surgisse, c'est qu'elle était possible et c'est aussi qu'elle put être produite, mais en quoi correspond-elle à la source de cette possibilité et de cette aptitude à la production ?

Qu'elle apparaisse, c'est bien que les deux soient en mesure de se conjuguer ; est-ce aussi que de cette conjugaison effectuée, et qui fut donc potentielle, soit indiqué comme une communauté, ne serait-ce que dans la raison de ces virtualités distinctes. Rien pourtant de se trouve désigné, et il ne pourrait en être autrement, faute d'avoir à reporter plus haut la question ; rien donc si ce n'est moi, pour marquer que ce rien, tout étrange qu'il soit d'avoir à s'évoquer, ne saurait manquer à être pris en compte pour qu'ouverture à toute connaissance soit possible qui n'ait pas déjà été repérée.

Dans ce qui naît de connaissance, il n'y a déjà plus qu'allusion à ce qui permit que ses conditions de possibilité se réunissent et d'abord à ce qu'il y eut possibilité même, mais lorsque cette virtualité à ces conditions est prise en compte, ce qui en naîtra n'est pas encore signifié : curieux jeu de cache-cache où ce qui fait que géniteur il puisse y avoir – moi, rien d'autre -, n'est décompté qu'avant que tout engendrement l'exprime et où ce qui fut engendré n'est décompté qu'après que les géniteurs aient masqué ce rien du dessein que leur union permit de générer.

L

5/8/1981

LUCIDITÉ

Lucide, mais sans mépris, car où, si ce n'est dans ces agencements mêmes, se jouent les éléments fondamentaux et opère leur éventuelle fécondité ?

Les excès, les méconnaissances, les caricatures, ne font-elles pas allusion à ce que serait l'équilibre des constituants et des protagonistes comme à ce qui se vivrait dans leurs relations justes et vraies ?

Ainsi donc, à la fois le discernement et la tendresse dans le regard et l'écoute : aller au-delà de l'apparence, dans le respect de l'être qui la présente.

En même temps, tenter de faire, pour soi-même, preuve de la même acuité dans le même accueil, en vue d'échapper tout ensemble à la submersion étouffante de par les mécanismes interactifs et à l'immersion désindividuée, et dans l'amorphisme, d'une « indulgence » indigente.

Crainte de l'un comme crainte de l'autre et cependant appréhender et agir le Réel de par l'ajustement de l'un et de l'autre en termes de désignations réciproques : faire en sorte que le donné soit perçu comme de l'Un, dont se révélerait – alternativement seulement, hélas… – l'une et l'autre facette en un mouvement qui se voudrait processus vers leur conjonction.

M

9/2/1983

MOT ET CHIFFRE

Un mot.

Articulation fugitive et immédiate d'une voix, présente à l'oreille qui la capte de qui l'émet au moment qu'il pense et imagine, qu'il formule : le signifiant, le sens et l'intention ensemble.

Un mot.

Assurer la permanence de la représentation de ce qu'il désigne.

On gagne sur la durée mais il y faut une médiation : la mise à distance d'une marque inscrite, pérenne mais lointaine, stable mais manipulable par d'autres.

La marque elle-même se présente selon une variabilité : pictographique, elle représente, idéographique, elle évoque ou symbolise ; dans les deux cas, à l'unité de sens correspond l'unité de signifiant, même si plusieurs traits le constituent comme ils constituent le mot même. Mais dans l'alphabétique, elle calcule et combine en jouant d'éléments qui en eux-mêmes semblent étrangers à ce qu'ils composent.

Soit donc un mot écrit alphabétiquement, et cette étrangeté : que l'ensemble de sens qu'il constitue soit présentable comme agencement unique (ou presque) d'éléments définis ; que l'unité qu'il évoque soit décomposable en un rassemblement nécessaire et ordonné de constituants.

Il ne s'agit pas ici de construire un mot à partir de lettres disponibles que l'on combine, mais de cette possibilité d'inverser l'opération : un sens à partir duquel se spécifient des parties non quelconques et articulées entre elles d'une façon unique, une unité qui soit l'explication des parties que l'on peut en dériver et non plus des éléments qui expliquent l'ensemble qu'ils composent de par leurs interactions.

Cela ne va pas de soi.

Un chiffre.

Le chiffre par exemple peut se construire, additivement, à partir de chiffres plus faibles : 5, ce peut être 1 + 4, 2 + 3, 1 + 1 + 1 + 2, etc.... mais le chiffre n'a pas d'histoire et, en ce qu'il désigne, s'oublie son mode de construction : le 5 issu de 1 + 4 est indistinguable du 5 issu de 2 + 3. Même si les démarches pour y parvenir ont été différentes, la variété de leur distinction s'abolit dans l'aboutissement du chiffre qu'elles constituent : les décompositions éventuelles ne sont ni nécessaires, ni ordonnées.

Le nombre, notamment dans les numérations de position, occupe un statut intermédiaire : il tient de la nécessité d'une composition ordonnée et en même temps, il s'évoque comme produit de bien des combinaisons possibles ; son unité dit à la fois une forme d'organisation et le jeu d'un aléatoire.

MYTHE

16/10/1983

1.

Catégoriser, interpréter, comprendre les événements ; il faut d'abord abstraire et conceptualiser pour pouvoir mettre en rapport.

Les mythes furent les formes que prirent ces efforts d'abstraction, de catégorisation, de comparaison, de synthèse.

L'élaboration de mythes fut, est, le fondement de l'activité de pensée ; toujours recommencée avec tout enfant qui naît et tout groupe d'enfants qui se constitue, la mise en forme conceptualisatrice passe par la mythification, condition première de subsomption[14], de symbolisation, de langage, finalement.

24/12/1983

2.

La logique du mythe est la répétition (ce qui se fait, ce qui se fera, a déjà été fait et par là se trouve légitimé).

Celle de la science devrait être l'innovation (rien de ce qui se fait n'a déjà été fait : on invente).

Entre les deux, l'algorithme : il prend appui sur la réitération d'un acquis pour générer un résultat.

---

[14] Subsomption : raisonnement intellectuel caractérisé par le fait qu'on intègre une idée dans une autre plus globale (DB).

Comme schématisation, ce seront des associations neuves qui en sortiront ; comme modélisation, ce seront de nouvelles possibilités de calcul.

P

PENSER

18/06/1981

1. Pense

Mieux vaut écrire ce que tu penses.

Mieux vaut parler ce que tu écris.

Mieux vaut agir ce que tu parles.

Ainsi, en toi, la vie et la mort se conjoindront comme il convient et tu pourras accéder au sens et à l'authenticité de ton être et de ton devenir.

11/11/1983

2. La pensée

La pensée ne s'expérimente pas ; elle est imperceptible, sauf à décider de l'exprimer : comme ceci ou comme cela.

La pensée résonne au registre de l'invisible même si, grâce à la parole, elle devient audible (l'être humain a pu « inventer » l'écriture ; n'est-il pas absurde de dire qu'il a « inventé » la parole ?)

20/1/1981

PHÉNOMÈNE

Le phénomène comme découpage opéré par la pensée sur le réel (donné).

Le phénomène comme opérant sur la pensée dans sa structuration et son mode de fonctionnement.

Porté comme virtualité de découpage possible par le réel.

Hétérogénéité des pensées selon les modes de découpages phénoménaux.

Soit : des lectures innombrables du réel et des pensées tout aussi innombrables.

Le nouveau comme agencement original d'un découpage déjà opéré ; et, plus loin, plus profondément, le nouveau comme découpage original à agencer.

La parole comme trace des phénomènes, au sens défini ici : trace opératoire des découpages effectués et support agissant sur d'autres découpages à faire ou sur ceux-là à agencer.

Engendrement mutuel des phénomènes dans le réel et de la pensée opérante dont la parole devient la semence.

On conçoit qu'on ait pu imaginer que la parole soit créatrice *et* du réel *et* de la pensée.

Il reste à questionner (*cf.* rubriques : « Réel », « Pensée ») la séparation : réel-pensée.

24/1/1983

« POINTS AVEUGLES »

Points aveugles de la capacité à recevoir, du fait même que la théorie, l'idéologie, la représentation ne permettent pas que certaines disponibilités soient acceptées...

Les Occidentaux ne connurent pas les taches du soleil que les Chinois repérèrent depuis bien longtemps.

C'est que la place et le sens du soleil dans les représentations du monde respectives étaient différents.

De même verra-t-on retenus comme pertinents ou non des résultats ou des aperceptions, selon qu'ils concordent ou non – avec certaines latitudes, évidemment, sans lesquelles aucune frontière ne serait transgressable – avec représentations dominantes ou théories établies.

Ici le problème est donc plus dans l'aptitude à recevoir pour comprendre que dans l'éventuelle rareté de ce qui se propose.

D'où la question : que nous ne percevons-nous pas, aujourd'hui, de l'univers physique ou social, qui pourtant nous crèverait les yeux si nous n'étions pas asservis à des préjugés, à des représentations partielles et excluantes, de par leur cohérence propre et de par leur tendance d'inertie à se légitimer elles-mêmes ?

Dans l'interprétation-reproduction du monde qu'opèrent les esprits humains, les variétés permettent certes de ne pas trop stagner, de même que les exigences « irréalistes », mais le poids de certains consensus freinent les élaborations en fermant les voies d'accès qui, d'un « extérieur », conduiraient vers une appropriation intime.

Pauvreté ; famine. Ouvrir ces voies, c'est réhabiliter la « réception » ; c'est mettre en œuvre la réalité de la connaissance et, avec elle, reconnaître et recréer une abondance.

POUVOIR

13/9/1981

1. Pouvoir, puissance

Le pouvoir, la puissance : à plein exerçons-les sur les choses et leurs agencements, sur tout le matériau et ses interactions, sur tout ce qui est technique et ses opérations ; entre les hommes et les groupes sociaux, sachons les désigner et les reconnaître, comme aptitude et capacité d'intervention chez les autres – pour eux-mêmes et pour une mise en commun éventuelle –, sachons les respecter comme instrument et moyen pour chacun de se frayer un chemin, au même titre que nous le faisons, et pour réajuster les choses en vue d'une efficacité matérielle plus importante et plus féconde ; mais qu'en aucun cas, cet exercice et cette reconnaissance ne se traduisent en termes d'oppression ni même de domination entre les hommes entre eux, entre les groupes, dans le social. Le libertaire dans la socialité est l'exact pendant de la totale souveraineté sur notre terre.

Eu égard aux autres formes de civilisation, aux autres cultures, le scientifique, le technique, l'industriel, ce furent des impérialismes impitoyables qui ont déchiré des tissus sociaux, étouffé des aspirations, effacé des démarches, asservi des mentalités et vidé de sens bien des aventures déjà engagées d'une multitude de vies humaines et de rapports inter-individuels ou inter-collectifs.

Des richesses furent perdues, des acquis dilapidés, des joyaux méconnus, et stérilisés des efforts de générations ; comment ne pas le reconnaître et ne pas le dénoncer ?

Mais pourrait-on, à l'heure des bilans intermédiaires, fermer totalement les yeux sur la double contrepartie de l'instauration de cet âge de totalisation : l'incommensurable accroissement du contrôle et du pouvoir sur les choses (dont des corps aussi à certains égards font partie) et la dimension planétaire conférée à toute problématique humaine ; l'humanité, en tant que telle, atteinte et mise en jeu par delà ses particularismes, ses différences, ses variétés, qui par ailleurs en font et la vie et la fécondité !

Aussi, quant à restituer le varié au sein de l'uniformisation, le différent au sein du totalisé, le particulier au cœur du général, n'est-ce plus d'un extérieur – qui n'existe plus, quant à la culture humaine – que l'on peut, ni ne doit, parler et intervenir ; bien au contraire, emparons-nous de ces positivités nouvelles que sont la capacité (la puissance d'action) et l'échelle planétaires pour, du lieu même où elles sont installées, notre humanité et notre terre, en faire germer ce qui peut donner lieu à variations, différenciations, proliférations, qui nous concernent tous. Autrement dit, percevoir l'avenir et l'élaborer, non pas selon une involution (en laquelle se perdraient ces acquis considérables) mais selon ce que l'on pourrait désigner comme subversion (ou inversion) fondée sur l'ensemble constitué par les négativités et positivités résultant de l'évolution antérieure en se servant des unes pour retourner les autres.

Alors est-ce aussi en termes d'effectuation *possible* et à la *dimension* convenable de notre humanité planétaire que pourront se poser et se résoudre les questions de l'abolition de l'oppression et de la suppression de la domination entre les hommes : libération et délivrance tout à la fois, cette nouvelle socialité en gestation.

28/4/1980

2. Pouvoir, notoriété

Pouvoir, notoriété, domination, gloire… Lieux où l'identité se perd en croyant se trouver ou s'affermir.

Pour en déceler l'opératoire profond – la dominance éventuelle – chez les êtres, il est une question terrible par le vertige, parfois, qu'elle peut susciter :

Tes idées, tes œuvres, à choisir

- qu'elles se réalisent largement, qu'elles se produisent en leur achèvement aujourd'hui pensable, mais sans toi, sans qu'en aucune façon tu y prennes part,

ou

- qu'elles soient reconnues, glorifiées, saluées, et toi à travers, explicitement, sans que pour autant elles se réalisent concrètement dans la réalité « majoritairement » vécue,

où va ta préférence ?

Ton toi, perdu, absent, du projet souhaité et réalisé ou ton toi triomphant dans le projet reconnu mais n'œuvrant pas le réel ?

Par-delà son académisme ou son caractère formel et abstrait, le noyau concret de la question demeure toujours en quelque mesure, ainsi que les réponses que les pratiques lui apportent.

Q

25/2/1983

QUALITATIF/QUANTITATIF

Qualitatif/quantitatif. Pourquoi pas deux formes de l'un et de l'autre ?

Tout d'abord, ce qui s'appréhende comme existant, quasi-indifférencié : il y a quelque chose, qui se présente comme amas, une sorte de magma où les distinctions qu'on parvient à déceler ne renvoient qu'à un désordre ou qu'à une adhérence totale avec ce qui les désigne. Pas n'importe quoi évidemment, et en cela du qualitatif, mais pas non plus du n'importe quoi très difficilement spécifiable et qui, dans les spécifications mêmes, parvient à peine à distinguer les référents et ce qui les signifie.

En un second temps, caractériser des éléments en traçant des frontières, mettre en évidence des interactions entre ces éléments en énonçant leurs lois ; construire des objets et des opérations dans la rigueur et l'exactitude des uns et des autres, rigueur et exactitude qui se retranscrivent dans le formel et le numérique, $A \neq \tilde{A}$, $2 + 2 = 4$. Le quantitatif comme définissant des parties simples et leurs rapports qui permettent, en les objectivant, de reconstruire ce qui fut totalité donnée ; mais à certains égards, la globalité de la forme ne peut s'y déceler : son échelle n'est pas celle de ce qu'il est question ici de compter et de mettre en rapport ; l'organisation se perd dans le jeu multiple et varié des interactions mutuelles d'une foule d'éléments caractérisant une multitude d'événements.

Alors, en un troisième temps, une forme nouvelle de qualitatif et de quantitatif, telle que l'un puisse se dire par l'autre ; telle peut-être que la séparation antagonique ne soit plus pertinente en ce que la distinction se présente comme deux faces d'une même réalité constituée : celle d'un ordre d'éléments qui soit aussi le sens d'une forme qui, elle-même, s'exprime à travers l'agencement réglé de ce qu'elle exige d'éléments et d'interactions. Une façon de renvoyer le qualitatif de ce qui fut quantitativement construit, au quantitatif de ce qui s'appréhende qualitativement.

L'instauration d'un jeu de sens, en somme, où se déchiffrerait ce qui anima cet aspect et cet autre pour déboucher sur l'expression de « l'intention » qui les travaillait à travers l'ensemble qui fut élaboré.

30/5/1983

QUESTION

Qu'une question se pose – puisse se poser, plutôt –, cela implique tout de suite qu'on puisse faire appel à une *décidabilité*. Réciproquement, qu'un champ de décidabilité s'affirme, c'est tout de suite faire place à la possibilité d'une question.

En fait, il ne s'agit pas d'une simultanéité mais d'un basculement, si rapide soit-il : la question masque le champ de décidabilité auquel elle fera appel et ce champ, s'il se donne, occulte qu'il y ait question ; si les potentialités de l'une et de l'autre sont contemporaines, leurs manifestations sont presque mutuellement exclusives, bien qu'étroitement corrélées. D'autant que leur médiation est commune : questionner, c'est à propos du vrai et du faux, pôles auxquels s'adresse la question ; indiquer une décidabilité, c'est signifier un rapport entre le vrai et le faux qui constituent les extrémités du champ.

Qu'il puisse y avoir décidabilité, cela sous-tend qu'on puisse distinguer entre ces deux limites du vrai et du faux, comme leur instauration donne lieu à ce qu'une question puisse se poser qui devra s'adresser à ces termes. Leur couplage permet donc à une potentialité de s'exprimer, dont la mise au jour s'exprimera précisément dans les termes de ce couplage.

C'est que la conjonction, la mise en rapport, du vrai et du faux, avant que de pouvoir spécifier une *réponse*, cela tisse un ensemble de relations qu'on définira comme table de vérité : ce par quoi l'origine s'exprime dans un univers de relations, de combinaisons, *pour* une réponse.

Vrai/Vrai, Vrai/Faux, Faux/Vrai, Faux/Faux, tels sont les angles du quadrilatère qui constitue cette table. De leur coopération dans le jeu de la décidabilité, dans le champ référé à la question, naît ce qui n'est pas exactement de leur nature, mais ce qui correspond à celle de la question ou du champ de décidabilité : une réponse ou sa possibilité, du moins.

S'en tiendra-t-on là ? C'est oublier ou oblitérer que si question il y a, c'est à propos d'un état de fait – fût-il abstrait –, et que les pôles de vrai et de faux sont dans cet état de fait, le mélange même à propos duquel la question se pose et qu'est censée démêler la réponse. Mais entre la nature de la réponse et celle de l'état de fait à quoi elle est destinée à s'appliquer, la dénivellation est considérable : quelle prise peut avoir une réponse sur un emmêlement ?

La réponse doit donc muter : du jeu subtil du vrai et du faux, il lui faut passer à devenir l'exacte *indication* opératoire dans la confrontation avec *cet* état de fait ; la réponse doit se transformer en *solution*, pour ainsi dire, en vue d'une *effectuation.*

Il ne reste plus qu'à faire intervenir la *décision* d'apporter une telle solution à un tel problème. Une décision qui à son niveau apparaît alors comme une mise en œuvre effective du champ de décidabilité évoqué précédemment, dans le couplage qu'elle assure cette fois entre problème et solution, comparé à la genèse déclenchée par la question et le rapport du vrai et du faux qu'elle impliquerait ou qu'elle présupposerait.

SCHEMA

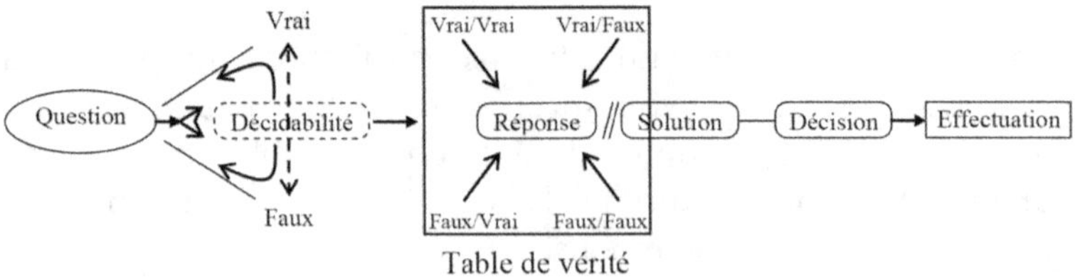

R

6/12/1983

RÉPONSE

Quelle est la(les) règle(s) systématique(s) selon la(les)quelle(s) le monde, l'univers, formule ses réponses aux questions que les hommes lui posent ?...

Ce sont ces règles qui conduisent, secondairement, les hommes à élaborer pour eux-mêmes, en leur « intime conviction », les représentations porteuses pour eux de significations. Ils inventent les questions et, ce faisant, inventent l'univers et son sens en réorganisant les réponses qui leur sont fournies, selon le postulat qu'elles sont pertinentes aux questions posées. Peut-être seulement répondent-elles à d'autres critères que ce que s'imaginent les hommes, et le jeu serait moins de découvrir un monde en grande partie inventé (malgré le plaisir et l'excitation de ce jeu-ci) que d'élucider les règles selon lesquelles se formulent les réponses.

La construction du monde serait alors comparable à celle d'une histoire qui se créerait au fur et à mesure des interrogations adressées selon les représentations antérieures de celui qui enquête, et conformément aux ajustements que les réponses peuvent, dans ce cadre, suggérer sans pour autant l'expliciter. (*cf.* l'histoire à découvrir du jeu des questions dont les réponses sont soumises à des règles exogènes à la logique d'une histoire préexistante).

À chaque fois qu'un renseignement nouveau est acquis, ce serait une *image* que de l'organiser suivant une illustration de ce que serait un univers au sens habituel du terme, alors que ce renseignement ne serait qu'un *indice* supplémentaire de pures règles logiques à l'œuvre, sans nécessaire illustration, sans image qui lui soit pertinente (si ce n'est la *cohérence* de l'arbitraire représentatif qui s'en construit).

2/1/1982

LE RIEN ET L'INFINI

Ce qui, en toute finitude, fait allusion à l'infini, c'est d'être.

Peut-être pas en son extension, peut-être pas en son intensité, mais dans le tracé même qui limite et fait qu'il existe extension et intensité ; car c'est dans la précision ou dans le flou de leurs limites que se dévoilent choses et identités ; c'est donc dans ce rapport quasi-évanescent de la chose à ce qui n'est pas elle, de l'être à ce qui n'est pas cet être, le jeu de leurs limites, que se cache et se décèle ce qui, pour chaque chose ou chaque identité, peut faire ouverture de sa propre finitude vers l'infini qu'elle est susceptible de désigner. Non pas seulement ce qui n'est pas cette finitude, tout en restant dans le registre du fini : il y a là présences volumiques dont les rapports supposent des surfaces, mais le passage, si l'on peut dire, à cette limite où la limite même est en cause, comme si l'on s'interrogeait sur ce qui fait limite au ponctuel. D'ailleurs, ce qui par là se trouve indiqué relève tout autant du « rien » que de l'infini.

S

Autour de 1985

SCIENCES/ARTS

1. Art et connaissance

Tout au long de ce travail, il n'a été question pour l'essentiel que de démarches cognitives, que d'approches de type scientifique pour le traitement et la création de connaissances.

Est-il illégitime de s'interroger, dans un tel cadre, sur l'activité artistique en tant, également, que production et moyen de connaissances ? En laissant de côté pour l'instant les comparaisons et problématiques de création en matière scientifique et artistique (question que nous aborderons brièvement plus bas), y a-t-il un rapport entre la façon esthétique de « savoir » et comprendre, et la façon scientifique de connaître et expliquer ?

L'affirmation du fusionnel comme modalité de connaissance et pour autant qu'il soit conceptualisé, fonde la démarche de la magie. En contraste, la démarche scientifique commence par séparer (et d'abord en sujet/objet) et par distancier ; le concept dans ce cas opère comme créateur d'intervalles – celui-là même en lequel il se construit – (entre mot et chose, entre réel et idéel…), alors que précédemment il visait au contraire à les annuler en tentant de subsumer ce qu'ils auraient pu distinguer. Ce n'est donc pas la présence ou l'absence de concepts qui fait ici la différence mais les fonctions qui leur sont imparties, disjonctives ou intégratrices. L'art et la démarche esthétique sont intermédiaires à ces modes de rapports au réel : ils séparent tout en fusionnant, ils intègrent tout en disjoignant ; eux aussi thématisent et transcendent la phénoménalité, même si le conceptuel y tient une place encore différente.

Il est banal de relever qu'historiquement parlant, l'art et la connaissance rationnelle entretiennent des rapports assez étroits ; une mutation dans un domaine est souvent contemporaine d'une mutation dans l'autre (la Grèce philosophique, la Renaissance, les débuts du XXe siècle[15]) ; ce qui semble indiquer quelque correspondance ou, au moins, qu'il n'y a pas complète étanchéité entre la mentalité qui s'exprime d'un côté et celle qui s'exprime de l'autre ; ou encore, pour être plus exact, que la mutation se fait d'abord dans la mentalité et qu'elle se retranscrit ensuite dans des secteurs d'expression différents. Néanmoins l'art occupe une position ambiguë relativement à la connaissance : de par sa capacité à provoquer ou à traduire des émotions, on tendrait à le situer vers la modalité fusionnelle ; à l'inverse, de par l'exercice des règles qui président à la composition, à la compréhension de l'œuvre, on le situerait du côté de la modalité distanciée. On trouverait donc bien la complémentarité du rapport que l'on peut entretenir avec l'œuvre d'art, mais au prix d'un affaiblissement du conceptuel. En cela, l'œuvre d'art pourrait tout à la fois concerner et ne pas concerner la connaissance.

En quoi, donc, l'art pourrait-il être, aussi, mode particulier de connaissance ? De par la participation qu'il offre à ce qu'il met en scène ? De par les structures que son exécution ou que son « appropriation » révèlent ? Dans cette seconde éventualité, on pourrait soutenir que l'on est au-delà ou en deçà de l'œuvre elle-même : dans ses procès d'élaboration ou dans la traduction qu'elle propose ; dans la première, le sujet n'est plus à proprement parler épistémique ; il est empathique à ce qui, en lui, diffuse l'émotion. Mais peut-être est-ce autrement qu'il conviendrait de s'interroger : non pas sur la façon dont une connaissance peut, par l'art, être créée et transmise, mais sur la

[15] Ce n'est évidemment pas toujours le cas : c'est parfois l'extension ou la transformation du côté « magique » ou mystique qui entre en résonance avec le domaine artistique ; le Moyen-Age théologique occidental en est un exemple.

nature même de ce que serait une telle connaissance. Qu'est-ce donc que ce savoir qui procède de l'art ? Qu'est-ce donc que nous connaissons de par l'œuvre d'art ?

La science nous donne à connaître les objets qu'elle-même se donne et leurs rapports ; faits, phénomènes, elle construit, théorise, interprète. En ce sens, aucune connaissance à proprement parler n'est attachée à l'œuvre d'art, même s'il s'y attache des significations. En revanche, l'œuvre d'art opère comme ouverture sur la possibilité d'un processus de connaissance ; elle contribue à ouvrir des voies là où la compacité opaque s'imposait encore. Rêverie, fantaisie, imagination sont les opérateurs qu'elle est susceptible d'induire, dont les effets peuvent consister (non nécessairement) à engager vers une connaissance, à en donner comme un avant-goût ou à en faire fulgurer quelque intuition.

2. Arts, sciences et créativité[16]

2.1. Peut-on trouver une quelconque ressemblance entre créativités selon qu'on les considère du côté des sciences ou des arts ? Pour résumer à l'extrême le point de vue que nous allons développer, appuyons-nous sur le schéma suivant :

[16] Ce paragraphe s'inspire de réflexions issues de la participation à un séminaire organisé par Théodore Ivainer (1985-1986) autour du thème de la « créativité », ainsi que de nombreuses discussions sur ce point avec Gérard Cohen-Solal, qui a également participé à ce séminaire.

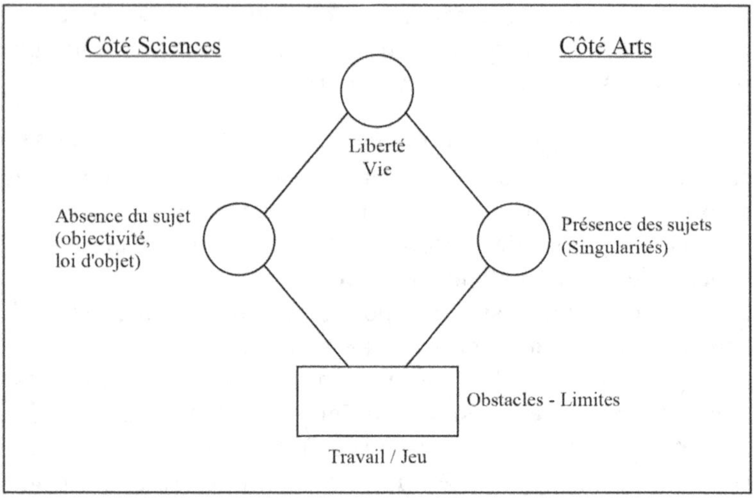

Commentons :

1) Dans le processus d'élaboration effective, arts et sciences ont en commun d'avoir à se confronter à des obstacles à surmonter (ceux des lois d'objet et des contraintes concrètes) et à des limites à franchir (celles tracées par les acquis antérieurs, les représentations établies) ; et ce, selon deux modalités principales dont l'articulation constitue un nœud fondamental de réalité, le jeu et le travail, renvoyant respectivement à l'activité de l'imaginaire et à celle de la règle.

2) A partir de cette base commune, socle concret sur lequel s'épanouit l'activité, il apparaît que deux orientations sont possibles, deux façons de thématiser les rapports du travail et du jeu, de l'imaginaire et des règles. La première s'organise autour du thème de *la présence* : présence de l'acteur, présence de l'oeuvre singulière, présence de l'appréciation et des évaluateurs, mais loin des critères d'objectivité ; ce sera la modalité artistique de création. La seconde, en contraste, exige *l'absence* : absence d'auteur au profit d'une vérité, absence de particularités au profit de la généralité, absence de jugement de valeur au profit de l'exactitude ; en revanche, s'imposent

l'exigence de cohérence et la contrainte d'objectivité ; ce sera la modalité scientifique.

3) Mais ces deux modalités de création en appellent elles-mêmes à des conditions de possibilité qui, de nouveau, sont identiques d'un côté ou de l'autre, et dont la réalisation constitue précisément cette activité qui relève à la fois du travail et du jeu. Artistique ou scientifique, toute création, toute créativité est expression de vie et exercice de liberté ; franchissement de frontières et ouverture à un monde nouveau - celui dans lequel ces créations auront désormais leur place - ; déploiement dans le temps et dans l'espace de ce qui mûrissait d'inédit hors de toute spatialité et de toute temporalité.

Ainsi, selon ce schéma, on trouverait un champ de création unique, s'ouvrant entre deux polarités qui en constituent les repères : la liberté agissante et le travail ludique. Une des voies de cette ouverture, l'artistique, passerait par le thème de la présence des acteurs au monde et l'autre, la scientifique, par celui de leur absence au monde.

C'est ce que nous allons discuter un peu plus précisément en reprenant systématiquement les caractéristiques de chaque niveau et en les discutant un peu plus longuement.

2.2. Tout semble donc s'ancrer d'abord dans un rapport très particulier entre travail et jeu (articulation entre imaginaire et régulations), rapport qui, ensuite, se thématise de façon différente selon qu'on privilégie l'intelligible ou le sensible (ou l'esthétique). Sans revenir sur tout ce que scientifiques, artistes, philosophes ont pu analyser et exposer à ce sujet, contentons-nous d'illustrer ce point de départ par une citation contemporaine (G.G. Granger [1]), qui résume bien ce point de vue :

« En ce sens[17]*, l'œuvre de science, comme l'œuvre d'art, est le produit d'un travail, qui, indépendamment de toutes les connotations et de toutes les conséquences que lui confère son insertion obligée dans une réalité sociale, est fondamentalement une sorte de* jeu. »

Ici et là, donc, travail et jeu ; pour ainsi dire, effort et plaisir, fin productrice et gratuité, règle et fantaisie. Deux versants présents dans toute créativité, quel que soit le secteur dans lequel elle s'exerce, pour autant qu'elle aboutisse ; en deçà, donc, des distinctions et spécifications. Pourtant, dans l'action elle-même, se discerne le germe d'une différence, dans l'attitude devant la difficulté, dans son traitement aussi : la confrontation avec *l'obstacle* (selon une représentation dans l'objectivité) serait incitation et source d'invention, en matière cognitive, pourvue que l'inventivité ne soit ni inhibée, ni recouverte par *la contrariété* pour le sujet épistémique ; par contraste, la confrontation du « sujet esthétique » avec la contrariété (prise subjectivement, donc) semble pouvoir favoriser sa création artistique, pourvu que les obstacles (objectifs) aient pu être surmontés ou contournés.

2.3. Abordons maintenant le niveau de l'analyse directe des différences (du moins de cette différence fondamentale que nous avons évoquée avec le rapport présence/absence) ; partons délibérément d'un point de vue qui peut paraître paradoxal, puisqu'il conduit à caractériser une œuvre d'art sous un angle qui semblerait bien plutôt réservé à l'œuvre scientifique :

---

[17] Note de l'auteur : « Je désigne par le mot de travail *la création d'une opposition entre une forme et un contenu* au sein d'une expérience encore à certains égards amorphe, dans laquelle cette opposition se trouve suscitée. » [Tous les termes mis italique le sont par l'auteur].

« Le poème est d'abord la négation du poète : c'est un objet ***matériel*** *qui suggère un sens spirituel. La phrase remplaçant la force d'affirmation du sujet par sa puissance cohésive, est* ***être*** *et non mouvement. [...] Le sens, au lieu d'****être affirmé****, sera découvert. »* [mis en gras par l'auteur].

Ainsi Sartre [2], analysant Mallarmé, rapproche-t-il la création poétique – telle qu'elle se vit chez Mallarmé dans la tension entre réductible combinatoire et Absolu d'un néant (*cf.* par exemple « *Igitur* ») – de la création scientifique qui n'affirme pas non plus, mais découvre, et dont le produit – résultats, théories – nie tout autant le sujet épistémique que le poème mallarméen semble nier le poète ; l'énoncé scientifique aussi se veut « être » et non « mouvement » ; lui aussi, lui surtout, vise à « remplacer la force d'affirmation du sujet par sa puissance cohésive » propre. Pourtant, quoi de plus éloigné, semble-t-il, de la création scientifique, que la création poétique mallarméenne ! Le rapprochement tient néanmoins, du fait que, comme l'expérience d'exil du monde pour le scientifique en ses énoncés, l'expérience poétique est pour Mallarmé corrélative de, et quasi inhérente à, celle de *l'absence*. Mais cette absence-là est de nature existentielle ; nullement gnoséologique ou disciplinaire ; comme telle, elle est problème au lieu que d'accompagner des solutions, comme celle du scientifique.

Pourquoi cette remarque ? C'est que, en effet, bien qu'il s'agisse d'un seul et même mouvement de création, la position des créateurs est inverse quand il s'agit de confronter l'artiste et le scientifique.

L'artiste, en créant, se présente au monde qui s'emplit de lui à travers son œuvre ; le scientifique, lui, s'absente du monde qui, à travers l'œuvre, parvient à se vider de son auteur. Il s'agit toujours, évidemment, de franchir la frontière d'un monde délimité, clos, car c'est en cela même que se manifeste l'acte créateur ; mais les démarches se révèlent opposées pour le sujet : quitter ou advenir. Celui qui quitte laisse à sa place les significations qu'il a constituées et de loin, comme tout un chacun, il participe du consensus qu'elles autorisent ; celui qui advient, au contraire, demande asile aux autres à travers les relations qu'il incite à entretenir par la vertu de son œuvre.

Ainsi, répétons-le, le champ de la création comme telle se déploie dans une tension bipolaire.

D'une part ce pôle (« intelligible ») vis-à-vis duquel la pertinence de la question sur *qui* crée le sens est quasiment évacuée : lieu du consensus scientifique pour lequel il n'y a pas de signification quant au « sujet » ; il s'y crée des énoncés (vérifiables, réfutables) pour lesquels l'énonciateur n'a nulle dimensionnalité et peut se contenter d'être simple évocation ; la singularité - si singularité il faut trouver – est celle du vide du sujet et l'universalité celle de la validité de l'énoncé, validité qui ne s'impose, précisément, que du fait que nul énonciateur particulier n'a besoin de le prendre à son propre compte pour le faire vivre en vérité. A l'autre pôle, au contraire, c'est la question de la singularité de l'œuvre consonnant avec la singularité de quelque sujet particulier que ce soit (auteur ou récepteur de l'œuvre) qui seule est pertinente et confère vie et valeur ; le qui y est central, quant à quoi que ce soit de créé ou de recréé à quoi il donne vie. Entre les deux, le champ de la création empirique, qui fait jouer le créateur et son œuvre et en lequel on retrouve, si près que l'on soit d'un des pôles, les traces de l'influence de l'autre : car ce n'est pas n'importe qui, n'importe quand, ni n'importe comment, qui élabore et énonce un théorème ou une théorie dont on peut dire qu'elle est belle ou est esthétique. Qui en goûte la beauté ? De même il y a validation, si l'on peut dire, de l'œuvre d'art par des cultures, des civilisations, à travers des siècles, dont les sujets semblent presque interchangeables et en tout cas peu particularisés, tant la présence peut en être forte. Entre une démonstration en pure absence et un pur acte ressenti en totale présence, parvient donc à s'établir secrètement une circulation, une correspondance qu'on pourrait considérer comme une expression essentielle de l'être et du devenir humain.

2.4. Ce qui fonde et rend possible cette correspondance, c'est la liberté dont elles procèdent et la vitalité qui les animent. Liberté qui ouvre un espace de virtualités et vitalité qui les engage sur la voie des actualisations ; passage de la puissance à l'acte, de l'imaginaire au réel. Plus : il s'agit si possible de retourner le processus et de porter à la vie et à la liberté ce qui, d'abord, participait de l'obstacle, de la limite, de la contrainte et avait besoin d'être animé. Ainsi, Bergson [3] :

> *« [...] créer avec la matière, qui est la nécessité même, un instrument de liberté [...], fabriquer un mécanisme qui triomphât du mécanisme. »*

C'est d'avoir pu être portées dans le domaine des significations et des enjeux pour des relations humaines, conceptuelles et existentielles, qui confère en retour aux œuvres créées ces coefficients de vie et de liberté, ces puissances d'animation et d'émancipation, dont elles sont par ailleurs trace et témoignage. S'il faut, à ce niveau encore, indiquer des nuances, on les trouvera dans les modalités des réalisations bien plus que dans celles des virtualités. Quant à la liberté, le jeu se mène non plus dans le registre existentiel de la présence et de l'absence mais dans celui, bien plus abstrait, des rapports entre intériorité et extériorité. L'exercice de la liberté dans les créations scientifiques et artistiques est en effet toujours relatif à une liberté *exacte*. Mais sa première version se déploie sous la figure d'une extériorité et d'une détermination externe, sous le contrôle conjoint de la loi d'objet et des règles de la cohérence ; alors que la seconde incite au contraire à considérer une intériorité où ce qui contrôle l'invention se trouve principalement dans la volonté de détermination, dans l'intention relativement aux relations humaines qu'elle vise et contribue à établir. La régulation dans un cas est objective et elle se vérifie dans l'intersubjectivité anonyme ; dans le second, elle se veut intersubjective mais reconnue, et elle se vérifie à travers la relation de reconnaissance qu'elle suscite.

Artistique ou scientifique, le mouvement de création se voit donc, selon les angles, unifié ou dédoublé, semblable ou différent : il est un dans son originarité et ses conditions de possibilité, double dans ses modalités effectives d'actualisation, unifié à nouveau dans la nature de la prise qu'il cherche à exercer sur le matériau qu'il travaille et transforme. Il s'agit toujours d'ouvrir un champ, de franchir des limites, de maîtriser un état de fait, mais les ressorts et les moyens de ces visées divergent. Relativement à l'interprétation, à la sensibilité et à l'intelligibilité, à côté de configurations comparables, il demeure des irréductibilités effectives.

REFERENCES

[1] G.G. GRANGER, in : *La philosophie des sciences aujourd'hui*, Académie des sciences, Gauthier-Villars, Paris, 1986.

[2] J-P SARTRE, *Mallarmé. La lucidité et sa face d'ombre*, Gallimard, 1986.

[3] H. BERGSON, *L'évolution créatrice*, PUF, 1983.

SENS

1979

1.

Hors de l'Histoire et de son sens, point de salut, tel est l'ubac.

Hors de la Loi et de sa norme, point de salut, renvoie comme un écho l'adret.

Les hommes vivent dans la vallée et, quand ils ont du temps, se demandent : où est le Sens, qu'est-ce qui fait Sens ?

« Gravis un mont et suis la ligne de crête », lance un prophète.

« Loin de là enfuis-toi et trouve ta caverne », répond l'autre.

Les hommes vivent dans la vallée, et quand ils ont le temps, parfois se demandent : où est le sens, qu'est-ce qui fait sens ?

« Regarde, comprends et agis les autres », conseille le Sage.

« Connais-toi toi-même », rétorque l'autre.

Les hommes couvrent toute la terre, vivent au soleil ou dans l'ombre, sur les hauteurs, dans les abysses. Il n'est guère de lieu qui leur soit étranger. Et toutes les expériences, ils les ont faites, pensent-ils, et tout le vivable, ils l'ont déjà vécu, se disent-ils. Il n'en demeure pas moins que lorsqu'il leur reste un peu de temps, ils se demandent : où est le Sens, qu'est-ce qui fait Sens ?

Ils regardent en eux, ils regardent hors d'eux et se balancent : du fatal au hasard, du nécessaire au contingent, de la raison au senti, du projet au jeu. Et le temps passe et seul le vertige ne passe pas avec lui.

Certains, même, s'installent dans le vertige, ne trouvent sens qu'en lui ; puisqu'aussi bien ils n'y échappent pas, pourquoi n'en pas faire le mode même du pensé, du ressenti, le mode même de l'être, à savoir une spécifique nausée ?

Et pourtant, peut-on jamais s'empêcher de demander, de se demander : où est le Sens, qu'est-ce qui fait Sens ?

N'est-elle pas curieuse, cette question, étrange, cette interrogation, alors même que, partout et en tout, déborde du Sens ; qu'il semble parfois qu'il y ait pléthore de Sens, du cohérent et du contradictoire, du dérivé et de l'irréductible, du rationnel et d'autres encore ?

Partout où il se déplace, quoi qu'il aborde, l'être humain ne trouve-t-il pas du Sens ? Ne met-il pas du Sens ?

Y mettre ou en trouver, évidemment, ce n'est pas pareil.

6/3/1983

2.

« Fin » du *Mensch*, début de l'*Ubermensch* ? *Aber nein !*

Kein Ende, kein Anfang ; nur diese Bewegung bei welcher der Sinn einer Geschichte sich entschleiert oder einsiegelt.

Pas de fin, pas de début ; seul, ce mouvement où le sens de l'histoire se dévoile ou s'établit[18].

---

[18] Merci à Jürgen et Michèle von Bardeleben et à Anne Kaweblum pour leur aide à la traduction (D.B).

Ni fin, ni début donc, mais l'advenue du sens à ce qui le portait et qui, en ce moment même, poursuit son engendrement, du fait même que se poursuit l'aventure.

Rien qui soit importé d'un extérieur, ni rien qui s'exporte vers un ailleurs, mais ce rapport de sens entre les événements et les significations, qui désigne l'orientation des uns par les autres et les références des autres par les uns, en un mouvement qui traduit l'épaisseur ou la profondeur, jusque-là non repérée.

31/3/1983

3. Sens et orientation

Une mise à jour et une croissance, c'est d'abord l'irruption d'une abondance, d'une prolifération, là où il n'y avait que virtualités (dans le développement cérébral ou la variété babillante par exemple). La mise en forme qu'exige la stabilisation d'un sens et la spécification d'une orientation, c'est, ultérieurement, délimiter, éliminer, choisir dans cette abondance pour caractériser ce qui en restera comme l'indice, mais aussi comme ce pour quoi elle vint au jour.

L'inscription des significations, c'est un « en plus » d'intensité, mais aussi un « en moins » de foisonnement ; dé-saturation d'un champ où la satiété (ou sa représentation) tout à la fois se donne comme condition de possibilité et comme prétexte à circonscrire et limiter pour que, des creux ainsi opérés, puisse sourdre non seulement ce que l'on cherche à indiquer mais aussi ce qui ouvre à l'au-delà de cette indication même : le jeu mutuel des pleins et des déliés, des creux et des bosses ou s'élabore une complétude.

29/6/1981

4.

D’où, vers où : le Sens

Comment, Pourquoi : le Sens

L’exigence qu’il y ait sens est au fond exigence d’une complétude, d’une plénitude : pénétrer exhaustivement le Jeu des prises et des déprises, des séparations et des conjonctions, des articulations et des relations ; tout le possible du langage et toute parole possible, comme à la fois l’au-delà et cependant l’indice de l’effectuation, du faire, dans le vivre et le mourir, du Sens.

Où se rencontreront l’unification du pluriel et la pluralisation de l’Unique ? Quel lieu cela peut-il indiquer ou créer et quel sens conférer à un tel lieu ?

Là, quand, d’un côté, s’abolissent des limites ; là, quand, de l’autre côté, s’inscrivent des frontières ; et que ce double processus soit compatible sans qu’il soit nécessaire que ce qui faisait limite d’un côté s’identifie à ce que font les frontières de l’autre, quand bien même pourraient s’y lire des correspondances.

Ce lieu, ce temps, cet « événement », où naissance et mort se rencontrent, se conjoignent, se correspondent sans identification possible, où ce qui disparaît de tracés renvoie à ce qui se trace, c’est d’abord, bien sûr, la vie de l’homme.

T

19/12/1983

TOUT ET PARTIES

Ce qui, du Tout, est subordonné à ce qu'il soit constitué de parties, et ce qui, dans la pertinence des parties, est subordonné à ce qu'elles concourent à constituer un Tout.

La hiérarchie enchevêtrée est :

- partielle (sectorielle, locale…)

- relative (doublement : par référence au méta-niveau qui la décrit et en relation avec « l'environnement » par rapport auquel sont définis le Tout et les parties en question).

Elle peut encore être illusoire (effet d'optique), ou dynamique (ou même instable et fonctionner alors comme principe explicatif pour une transition).

Son traitement nécessite une ternarité logique qui spécifie :

le Tout, les parties et, selon l'approche, soit leurs rapports propres de subordinations sectorielles mutuelles, soit leurs relations à ces éléments d'environnement par rapport auxquels on les pose ou les décrit (double modalité de la relation, à rapprocher de la double relativité évoquée plus haut).

V

VALEUR

23/9/1980

1.

Il est clair qu'il n'y a pas de « valeurs » qui soient données ou référées à un extérieur absolu et immuable. À cet égard, les complaintes sur la férocité de l'être humain comparé aux espèces animales sont absurdes et dérisoires : c'est la spécificité cérébrale et conscientielle de l'espèce humaine qui la met en situation d'exercer la « gratuité », celle-là comme d'autres. Et il n'est pas de règle immanente qui, hors de l'être humain, existe pour être suivie.

Qu'au regard de la vie et de la mort, rien ne soit fondé en absolu, que tout se vaille hors de tout jugement externe, qu'il n'y ait pas de lieu extérieur où ancrer ou justifier une morale, cela vient à l'évidence.

Ce qui n'est pourtant pas nier le possible d'une éthique pour sa vie propre et en relation avec les autres, dont la source, toute relative à son existence, est à trouver, exclusivement, en soi-même et dans le rapport aux autres.

D'où naît, et comment vivre et résoudre, cette apparente contradiction ?

Les Droits de l'Homme n'existent pas plus que ses Devoirs, même si le mythe est tenace et va se renforçant. Il s'ajoute à l'hypocrisie des pratiques une imposture de la pensée dans l'attribution arbitraire de « droits » spécifiques à l'appartenance humaine et dans la référence implicite à l'existence d'un système de valeurs préétablies.

Il n'est dans tout l'Univers pas de source indépendante au sentiment du Bien et du Mal, pas de genèse autonome de droits qui seraient naturels ou iraient d'eux-mêmes.

Mais cette évidence n'exclut nullement la volonté, le désir, collectifs, de voir s'instaurer et se maintenir certaines pratiques sociales ; il s'agit seulement de ne pas masquer que ce n'est là que l'effet d'un choix délibéré et arbitraire, et non l'expression d'une loi immanente et imposée.

La pratique concrète des sociétés et des individus montre, sans le moindre doute, le caractère de convention – relatif et suspensif – de toute prise de position ou règle de vie en la matière.

L'indignation et le scandale du non-respect de ces règles ne peuvent avoir de valeurs que propagandistes et politiquement tactiques : ils ne sont en rien fondés hors de ces stratégies comme légitimités de référence ; ils ne peuvent renvoyer à aucune morale préexistante qui servirait de mesure au convenable et à l'inconvenant.

La justification du choix effectué (par tel ou tel ou encore collectivement) n'est donc pas à rechercher comme démarche de conformation à d'inexistants canons de comportements moraux ; elle ne trouve sa source que dans la volonté délibérée et responsable de ceux qui font ce choix et que dans les effets concrets qu'ils en attendent : jouissance de pouvoir et de domination ou bien-être égalitaire d'un climat relationnel dépourvu d'agressivité ; plaisir de détenir et posséder ou refus de démarches concurrentielles et socialement différenciatrices…

Chaque être humain est ainsi renvoyé à ses propres représentations et à ses propres utopies des eggrégores[19] qu'il

---

[19] Eggrégore : dans l'ésotérisme, un eggrégore est un concept désignant un esprit de groupe, une entité psychique autonome ou une force produite et influencée par les désirs et émotions de plusieurs

vise à constituer à travers les collectivités qu'il côtoie et qui le concernent.

Les voies et les moyens permettant de réaliser ou de se rapprocher de ces représentations et de ces eggrégores, leur désirabilité même, eu égard à leurs conditions de production, constituent en fait les racines des éthiques individuelles et collectives (qui, bien souvent, par aveuglement ou stratégies, tendent à être érigées en principes moraux de référence). Fondées dans ces désirs, limitées par leurs limites ou les contradictions qui opposent des désirs antagonistes, ces éthiques détiennent le même caractère de relativité que l'existence humaine elle-même.

8/10/1980

2. Valeurs, justice

Pas plus que de « valeurs », il n'y a de « justice » : les plateaux manquent et le fléau fait défaut ; et qui dira ce qui fait poids ? La réalité des contraintes « naturelles » a depuis longtemps été recouverte par celle des conduites sociales et des critères élaborés par des groupes en lutte pour la domination et le pouvoir.

Le non-juste règne de ce que le juste ou l'injuste n'ait, au fond, rien qui le mesure, si ce n'est par moments quelque consensus sur ce qui est ou non digne de compassion ou susceptible d'être remarqué. Dans le vrai des rapports concrets, c'est bien fragile et éphémère, et cela ne trouve nul fondement dans quelque principe recteur. À moins de le poser d'emblée ; pour soi comme individu ou pour soi comme collectivité conventionnée.

---

individus unis dans un but commun. Cette force vivante fonctionnerait alors comme une entité autonome (DB).

Il y faut le même acte de volonté arbitraire qu'en l'établissement d'une quelconque référence ou système de valeurs ; ou le même rêve qui aspire à se réaliser.

Aussi est-il des questions qui n'ont pas de sens ou qui n'ont de sens que du point de vue d'une idéologie *a priori* : ainsi du bien et du mal, soit de ce qu'il *faut* faire et ne pas faire, de la loi et de l'interdit.

Pourtant, sans valeur en jeu, sans jugement porté ou suspendu, la question de l'hétérogène, du varié, au moins dans l'apparence, peut se poser et faire sens.

J'aurais tendance à y répondre en termes de condition même de l'existence et du mouvement, en contraste avec une représentation inanimée, a-dynamique, voire in-existante, du pur homogène. D'où, si l'on tient au maintien de l'existence et de sa vie, ce qui d'ailleurs n'est pas acquis sans question, la nécessité d'au moins une bipolarité, d'une différence, d'une altérité, qui garantisse l'écart à tout non repérable et la poursuite du Jeu.

La totalisation absolue, résidât-t-elle dans le Souverain bien – pour provoquer sur les valeurs – est mort complète : il faut un minimum d'opposition pour que l'être soit et que le mouvement ait lieu (le bon aspect du mal ?).

Faire en sorte que le Jeu se poursuive ou chercher à en atteindre la fin (en un pôle ou un autre, peu importe à ce stade) est le résultat d'un choix arbitraire pour chacun, même si les cultures sur-déterminent, ou tendent à le faire, toutes contradictoires qu'elles soient elles-mêmes.

TROISIEME PARTIE

SCIENCE, VERITE, RATIONALITE

C

CAUSALITÉ

14/09/1981

1. La causalité comme système de renvois[20]

L'explication (la causalité) est un système de renvois, en cela même qu'il fonctionne comme explication causale (a-chronique, c'est-à-dire fondamentalement différente de ce à quoi on la réduit habituellement : le déterminisme) ; pourtant il ne l'est pas complètement, en ce que ce système de renvois

---

[20] Qu'il y ait tautologie ne s'oppose pas à ce qu'il y ait accroissement de connaissance ni même à ce que du nouveau surgisse : l'extension du champ des renvois causaux est l'expression d'un tel accroissement, la production de domaines non connexes, relevant cependant d'un même système de renvois, correspond à un tel surgissement ; l'enjeu est toujours, bien sûr, la densité de remplissage de ce champ, ou, si l'on introduit, comme une subjectivité culturelle, le point de vue selon lequel cette densité s'accroît (ou semble s'accroître), ou est portée à un maximum inaccessible quoique asymptotiquement représenté. L'espace constitué par la juxtaposition, la coexistence, le chevauchement de ces champs est à proprement parler celui du savoir et de la culture d'une civilisation ; l'ambiguïté de la situation créée réside la plupart du temps en ce que, ou bien n'est pas reconnu le caractère tautologique des renvois, ou bien, s'il l'est, se superposent, en un même lieu d'intelligibilité, des renvois apparemment irréductibles les uns aux autres et ressentis cependant comme tout aussi pertinents ; sans parler des larges vides où ne flottent que des représentations approximatives séparant les champs les uns des autres. Trouver les maillons manquants, discerner où est le nœud d'une tautologie de noyaux apparemment irréductibles ou d'enchaînements entre des termes apparemment complètement distincts, si ce n'est étrangers les uns aux autres, c'est proprement le travail de la recherche explicatrice (voir suite de cette note page suivante).

reste[21] « ouvert », sans qu'il puisse y avoir totalisation de toutes les causes, de toutes les explications en une seule qui serait identique et la somme de toutes les autres… hormis le recours au paradigme du divin vulgaire, évidemment.

L'inscription dans la dimension temporelle de la raison – hors de toute chronologie, je le répète – donne lieu au développement de « points de vue » distincts, en vertu d'un recouvrement abusif causal par le temporel et de l'effort de créer une correspondance terme à terme entre enchaînements causaux et enchaînements temporels ; on verra alors se développer la thèse générative-constructiviste face à celle du finalisme différenciatif ; mais le vrai débat qui concernerait l'éventuel rapport entre ces dimensions distinctes que sont la raison et le déroulement du temps est esquivé et la question même en reste dans l'ombre, à moins de poser d'emblée le « déterminisme », au pire comme pure et simple isomorphie entre elles, ou au mieux comme orientation commune selon une direction que définira ce qu'on appelle la flèche du temps.

---

[21] (suite de la note de la page précédente) Situation curieuse et quelque part inversée par rapport aux imageries habituelles : qu'il y ait de l'identité va, ici, de soi et l'enjeu est au fond le « comment » des agencements qui le montre ou le démontre ; alors que d'ordinaire la question du « comment », quant à l'explication, est complètement subordonnée à celle du « pourquoi », d'une métaphysique ou d'une théologie.

C'est dire aussi que la question de savoir comment et selon quels processus se produisent les phénomènes, la question de mettre au jour leurs raisons d'apparaître et d'évoluer, n'est pas nécessairement récupérée complètement ou totalement recouverte par la question de savoir comment les interpréter dans le cadre des représentations existantes. C'est d'ailleurs ce décalage, cet écart entre ces deux types de questions qui permettent la position critique quant à un acquis et la possibilité d'élaborer et mettre en place des représentations différentes, même si elles ne sont pas obligatoirement plus englobantes. Ainsi du point de vue de l'explication, la causalité se présente comme un système de renvois. Ce système est à certains égards tautologique.

14/03/1981

2. La causalité au sens « explicatif »

Qu'il puisse y avoir de la causalité (au sens « explicatif » et non temporel que j'utilise), des déterminations (selon la succession et l'insertion logico-temporelles), cela tient d'abord à ce que des événements et des concepts puissent être spécifiés et « isolés » comme tels, à ce que donc des limites soient inscrites qui les signalent comme distincts, diversifiés et emplissant un champ par les articulations que constituent leurs frontières.

Il faut donc que s'instaure d'abord le régime du séparé, celui du tracé – fût-il mouvant et déformable – de la limite, pour que puisse se fonder l'ordre de la représentation logique et de l'opération déductive, ce versant somme toute *a posteriori* de la raison connaissante (en contraste avec l'intuition dont l'opératoire tient à ce que de telles limites ne font ni obstacles, ni peut-être même sens à son mouvement d'appréhension).

Quant à ce troisième terme – médiant et fécondant tout à la fois – qu'est le langage, n'est-ce pas une façon de dire que c'est dans le tracé même de la limite qu'il trouve son origine, en même temps que c'est de son usage comme opération que la limite trouve à pouvoir s'inscrire.

10/1980

3. La causalité comme existence de rapports d'explications entre phénomènes de l'Univers.

La causalité signifie l'existence de rapports d'explications (déductives ou inductives) entre phénomènes de l'Univers.

Le déterminisme affirme *la mise en ordre temporelle* de la causalité, en orientant dans le temps, perçu et affirmé comme un donné, les rapports de causes à effets.

Dans la mesure même où la définition du temps qui passe en l'absence de repères, de changements, de modifications phénoménaux, est dépourvue de sens, on peut légitimement se demander s'il ne convient pas d'inverser radicalement la relation ainsi spécifiée : en définissant le sens – l'ordre – du temps, à partir de l'expérience (concrète ou mentale) du causal. Autrement dit, le déterminisme ne serait pas fondé dans l'écoulement causal homogène à l'écoulement du temps, mais l'écoulement du temps se trouverait fondé dans la représentation déterministe du causal.

À l'appui de la possibilité d'un tel point de vue, imaginons le problème suivant :

- ordonner dans le temps deux photographies (soit, en termes plus abstraits et généraux, définir le sens d'écoulement du temps à partir de deux observations) : la première représente une casserole remplie d'eau posée sur un feu allumé, la seconde montre la même casserole, mais contenant cette fois un bloc de glace, sur le même feu.

Naturellement l'habitude de l'expérience concrète de ce genre de situation, le bon sens (c'est le cas de le dire) nous amèneront, tout naturellement, à associer « l'avant » à la photo numéro 2 et « l'après » à la photo numéro 1 : chacun sait qu'un bloc de glace, chauffée, fond !

En réalité, d'un simple point de vue de physique classique, on ne peut affirmer qu'une chose : que la probabilité d'une telle éventualité est très grande en regard de la probabilité inverse. Mais cette dernière (la probabilité que de l'eau placée sur un feu devienne de la glace en cédant sa chaleur au feu) n'est pas nulle, même si elle est très faible. Il est donc possible, sur la simple base de la généralisation d'une relation dite « causale » (la fonte de la glace due à son chauffage) de se tromper sur le sens d'écoulement du temps (c'est-à-dire sur la concrétisation de la représentation déterministe).

La même analyse pourrait être faite en prenant par exemple la photo d'une tasse de café au lait bien homogène, bien marron clair, et celle représentant une tasse de café bien noir avec une goutte de lait très blanche au milieu. L'ensemble constitué par ces photos aurait comme « explication » que *d'abord*, il y a eu du café pur et noir dans la tasse, qu'*ensuite* on y a fait tomber une goutte de lait (photo numéro 2), qu'*enfin* cette goutte s'est diluée pour constituer le café au lait (photo numéro 1).

La possibilité probabiliste d'une évolution temporelle totalement différente (café au lait soumis à séparation de ses constituants), même si cette probabilité est très faible, indique sans conteste l'inhomogénéité conceptuelle entre le concept de temps et celui de succession des phénomènes ; elle met en évidence l'arbitraire qui peut résider dans l'association et l'assimilation du « temps qui passe » à un système de changements phénoménaux, expliqués précisément (bouclant ainsi un cercle vicieux) par des relations de causalité située dans ce « temps qui passe » ![22]

Le découplage entre l'inscription temporelle des phénomènes et des changements d'une part, et les représentations causales de ces phénomènes d'autre part permet

---

[22] Il est possible de procéder à une critique interne (du point de vue de la physique classique) des exemples présentés ici en disant que leur validité conceptuelle – le fait en particulier de l'existence d'une probabilité non nulle de l'évolution inhabituelle citée – est liée à ce que les physiciens appellent *l'hypothèse ergodique*, dont l'affirmation est nécessaire pour pouvoir rendre compte mathématiquement, d'un point de vue statistique, des phénomènes physiques observés. La mise en cause de cette hypothèse pourrait ôter à ces exemples leur valeur illustrative, mais elle aurait aussi pour effet de poser de graves problèmes d'interprétations pour la physique, sans pour autant remettre fondamentalement en question la problématique abordée ici à travers ce qui reste seulement des illustrations.

peut-être de poser dans des termes différents la question particulière du déterminisme ou de l'indéterminisme, en microphysique notamment ; il permet peut-être aussi de porter un regard différent sur la classique antinomie mécanisme-finalisme en biologie ou sur le rapport entre lois d'évolution et surgissement du nouveau en histoire.

Bien entendu, il ne s'agit pas de remettre en cause l'acquis expérimental et de structuration mentale de toute une pratique passée : le lien établi entre changements phénoménaux, rapports de causalité et représentation de la succession temporelle est un lien empirique très fort et généralement bien vérifié ; il s'agit seulement, en montrant qu'il n'est pas nécessaire à une représentation rationnelle de l'univers, de se donner des moyens supplémentaires de réflexion et d'investigation en franchissant des limites qui, si elles ont été utiles comme éléments de stabilité des systèmes conceptuels, constituent maintenant des entraves à une compréhension approfondie des rapports entre le sujet et le monde, pour autant qu'une telle distinction – un tel découpage – conserve encore un sens.

Ainsi, si l'espace apparaît structuré, pour nous, par l'agencement des états et des stabilités, le temps l'apparaît-il par celui des processus et des changements *perçus dans leur écoulement causal*, c'est-à-dire d'un point de vue déterministe. C'est ce que l'on peut encore illustrer de façon imagée avec deux photos, l'une représentant un objet, à une certaine hauteur repérée par un fond perçu comme référence fixe et l'autre montrant ce même objet, à une hauteur différente, plus bas par exemple, par rapport à ce même fond. La question de l'avant et de l'après, définis par la comparaison des deux photos, ne se révèle avoir de sens opératoire qu'une fois défini le sens de la force qui s'exerce sur l'objet (si c'est vers le haut, la photo numéro 1 apparaît comme postérieure, et si c'est vers le bas, elle apparaît comme antérieure, même si le réflexe associé à l'expérience permanente de la pesanteur peut dicter une réponse hâtive). Ainsi apparaît, dans cet exemple simple, le rapport qui existe entre conceptualisation causale d'un ensemble de phénomènes selon le modèle déterministe et la définition du sens de l'écoulement du temps, tout au moins dans le domaine de la physique.

Un dernier exemple, tiré encore de la physique, illustrera sous un angle tout aussi saisissant le rapport entre système de représentation causal et système de représentation du temps.

Dans la « suite » des événements particulaires représentés sur le diagramme ci-dessous,

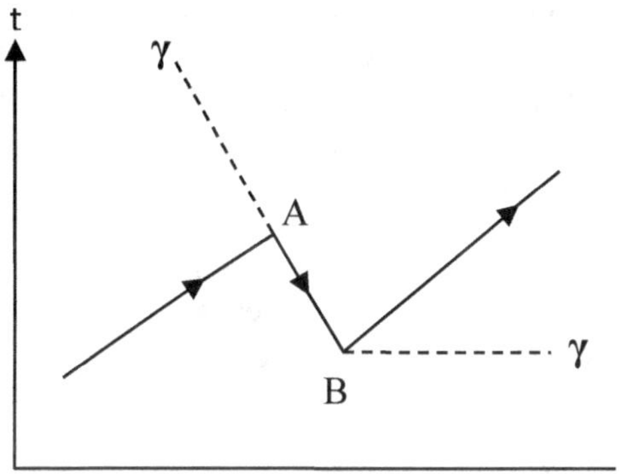

on peut « choisir » conceptuellement entre les deux descriptions suivantes :

> 1. un électron, venant de gauche, interagit en A avec un photon γ, remonte dans le temps, interagit en B avec un autre photon γ et redescend le temps. L'événement B, quoique antérieur à A, est « causé » par (trouve sa raison dans) l'interaction A qui lui est postérieure ; la relation déterministe causalo-temporelle est rompue dans le cadre de cette description parfaitement légitime.
>
> 2. Un électron arrive de gauche ; par ailleurs, et indépendamment, au temps t_B, un γ donne naissance en B à un couple électron (qui part à droite) et positron (qui part à gauche) ; le positron interagit avec le premier électron en A pour redonner un γ.

Dans cette description, tout aussi légitime que la première, l'événement B, antérieur à A, rend possible l'événement A ; l'ordre causalo-temporel du déterminisme est rétabli, au prix de l'introduction d'un concept supplémentaire : celui du positron, l'anti-particule de l'électron.

Ainsi, le gain obtenu dans l'espace logique pour rétablir le respect des règles fondamentales d'une causalité déterministe est-il compensé par la complexification du monde des représentations particulaires en nécessitant l'introduction d'une (anti-)particule supplémentaire ; au contraire, une éventuelle volonté de maintenir « stable » la représentation des entités qui interagissent (s'en tenir à un électron par exemple, dans le cas ci-dessus) a pour contrepartie une remise en cause des règles habituelles de cette causalité déterministe (description 1).

Comme si s'établissait une sorte de « complémentarité » entre opérations dans l'espace logico-conceptuel et représentations concrètes du réel.

Les mathématiques et la logique ont ceci de particulier qu'elles déploient leurs agencements hors de toute référence temporelle ; le temps n'a pas sa place dans ce dont elles parlent.

Les opérations qu'elles produisent dans l'espace conceptuel qu'elles délimitent interviennent sans qu'un ordre leur soit conféré de l'extérieur : les successions éventuelles sont d'ordre purement logique ; en aucun cas elles ne sont temporelles.

Aussi la causalité qui relève d'abord d'une appartenance à l'espace conceptuel logique et rationnel en tant que système déductif (ou inductif) « d'explication » n'a-t-elle *a priori* aucune raison de s'inscrire d'emblée dans une conception ou une perception du temps ; autrement dit, qui parle causalité ne parle pas nécessairement déterminisme. Le passage de l'un à l'autre relève d'abord de la spécification du temps (ou de l'inscription temporelle), puis de l'établissement d'un couplage entre déroulement des opérations logiques et écoulement temporel, de telle façon que celles-là soient intimement mêlées à, et essentiellement rythmées par, celui-ci.

Du même coup, se trouve profondément modifié le statut même de ce qui est perçu comme « explication », en ce qu'elle se trouve contrainte maintenant à épouser les contours d'un modèle déterministe, temporellement spécifié : « explication » devient abusivement coextensif à la nécessité du processus. C'est là, me semble-t-il, que l'on peut situer la source d'une classe de difficultés associées à ce concept, celle qui nécessite que soit introduit le point de vue de la « fin de l'histoire » (ou en d'autres termes, le point de vue de l'éternité), pour échapper à l'objection d'incohérence ou de contradiction interne à toute démarche qui se voudrait rationnelle.

CONCEPTUEL ET FACTUEL

1/11/1983

1.

Une réponse apportée à une question sur l'humain et le social contribue à modifier les conditions sous lesquelles sont appréhendées les données de cette question, de même qu'elle contribue à modifier ces données elles-mêmes (contrairement au cas des réponses apportées à des questions concernant la nature – la science notamment – ; au moins, c'est ce qu'on postule dans la recherche des réponses !)

[On pourrait dire, selon le formalisme : la relation $\nu = f(\nu)$ n'est pas modifiée du fait qu'on la connaît.

Mais dans $\xi = \varphi (\xi, x)$, il en va différemment].

1/11/1983

2.

Séparons « arbitrairement » deux secteurs de l'activité humaine. Le secteur *conceptuel* est celui dans lequel se rencontrent les abstractions et leurs rapports ; le secteur *factuel* est celui dans lequel se déploie l'intervention à proprement parler.

Ces deux secteurs (qui communiquent entre eux par le double processus : abstraction dans un sens, mise en œuvre de l'autre ; lieu de conception, donc) sont régis différemment.

Dans le conceptuel, *la Relation* est dominante. Ce n'est que secondairement que, sans rien supposer, se spécifient les termes de la relation.

(Il y a unité structurelle entre la relation et ses termes). L'activité associative est prélevée d'abord ; ce sur quoi elle porte s'en dérive.

Dans le *factuel*, au contraire, on saisit premièrement des *éléments*, des termes qui ne deviennent tels que secondairement, une fois noués entre eux les rapports qu'ils peuvent (ou non) entretenir ou établir.

La Relation, structure dominante du conceptuel, est connaissance, intelligibilité. Ce qu'elle spécifie, c'est une topologie d'intelligibilité d'une part et un discernement de l'autre ; compréhension et explication s'y engendrent. Ainsi les intentionnalités.

Dans le rapport établi entre éléments dominants dans le factuel, le premier terme et le deuxième terme se conjoignent en mouvement d'unification, mais pour un engendrement qui leur sera extérieur : un *autre* terme, puisque nous sommes en dominance d'éléments, qui sera caractérisé par sa tendance à une future autonomie. Ainsi le rapport masculin/féminin.

(On soulignera que l'affect et la raison sont présents ici et là et ne se distribuent pas *a priori* de façon différente selon les secteurs définis ici).

D

4/9/1981

DÉDUCTION/INTUITION

De par l'instinct, je sais, en bien des secteurs ; cela désigne un mode de connaissance.

De par la pensée, la conscience, la réflexion, je sais, en bien des secteurs : un autre mode de connaissance.

Les secteurs ne sont pas identiques, ils ne se recouvrent pas, mais pas plus ils ne sont radicalement hétérogènes ; ils se chevauchent sans s'expliquer l'un par l'autre ; tout au plus peuvent-ils se renvoyer les uns aux autres ; et de même pour les modes de connaissance et leurs conséquences.

Le rapport qui s'établit entre ces deux pôles, ainsi indiqués, tout autant constitutifs, pour nous, cela relève-t-il aussi d'une connaissance, par-delà ces connaissances ; cela témoigne-t-il de la réalité d'une relation féconde possible ?

J'aurais envie de dire que c'est, en partie, ce qui se joue dans ce qui est pointé comme « Intuition » : les registres de référence restent fondamentalement les mêmes, mais les circulations sont différentes ; il s'y agit toujours de connaissance sectorisée, mais en un mouvement spécifique qui n'est réductible à aucun de ces pôles, ni même à ce qui ne serait que leur pure intersection statique.

Que cela soit possible, parfois opère et soit fécond, relève, cette fois, d'un registre différent quant au savoir que cela suggère ; allusion à ce qui est quelquefois indiqué comme éveil.

14/3/1981

DÉNIER

Dénier ce qui n'est pas, est-ce affirmer ce qui est ?

Dire le refus du négatif, est-ce dire le désir du positif ?

Si je ne peux formuler la présence, cela revient-il au même de tenter de faire disparaître l'absence ?

Que dans l'espace logique (celui du tiers exclu en tout cas), il en soit intemporellement ainsi ne fait que renvoyer à quelque asepsie du déductif. Mais qui, mais quoi, dans le vivant inscrit dans la durée, saura effacer la trace de ce qui fut (l'histoire) et du temps passé à ce que cela soit ?

Qui ne sait que, pour le sentiment, la disparition de l'absence peut n'être qu'oubli et non pas le goût de la présence ; qui n'a aperçu, à la pointe de l'intuitif, que la flèche s'inscrivait autrement que comme inversion de tout ce qui n'était pas elle ?

Aux différentes facettes du Réel – et de l'humain en lui –, ce ne sont pas les mêmes lois qui opèrent.

E

ÉLÉMENTS ET INTERACTIONS

28/10/1985

1.

Ce qui relève du nombre et ce qui relève du couple – du couplage – : ce qui s'énumère donc et ce qui s'exprime comme relationnel.

Dans le premier cas, on conçoit des objets, des *éléments*, et par-delà leur existence, on étudie ou thématise leurs *interactions* ; dans le second, la séparabilité des partenaires conceptuels est subordonnée au rapport qui les fait surgir comme tels. On aurait donc comme de l'extensif comparé à de l'intensif, encore que l'analogie soit boiteuse, en ce qu'il n'y a pas d'isomorphie complète entre les deux termes de la comparaison (notamment l'extensif peut se faire investir par le relationnel et l'intensif faire l'objet d'une « mesure ») ; ou encore, on pourrait penser d'un côté aux objets les plus immédiats et matériels de la physique, et de l'autre à tout ce qui touche à l'humain (là encore, l'analogie est limitée : on est amené à traiter les objets de la physique par des moyens culturels et conceptuels – ne serait-ce que les mathématiques par exemple – et à prendre en considération l'humanité dans l'énumération et la statistique des hommes).

Au fond, toute réalité considérée de notre point de vue est bel et bien traversée par ces deux constituants (si l'on peut dire) ; seules changent la dominante et sa gradation dans l'échelle que l'on pourrait établir entre les deux pôles.

Ainsi la Réalité – ni transcendante, ni immanente, pour le coup – se révélerait-t-elle comme ce noeud, comme l'agencement de ce nœud, comme ce lien ou cette alliance de ces polarités.

Dire le Réel, ce serait donc, entre autres démarches, expliciter tout à la fois le « comment » et le « combien » d'un tel tissage et déceler les circulations qui s'y tracent.

Là pourrait se situer une facette au moins de ce que l'on entend par « explication ».

29/10/1981

2.

Une difficulté essentielle pourtant apparaît : à première vue, et bien que la « rationalité » qui y préside soit pourtant la même, les « logiques » par contre qui y opèrent sont radicalement différentes, selon les registres considérés : dans ce qui se dénombre et interagit, c'est la bonne vieille logique à deux termes – du tiers exclu et du déterminisme temporel – qui semble la mieux adaptée non seulement à en parler mais aussi à le transformer (encore qu'à certaines limites conceptuelles de la science moderne, quelque chose s'estompe et autre chose pointe en la matière…) ; dans le relationnel par contre (ce que nous entendons par là en tout cas, à savoir ce qui relève d'une certaine forme d'inséparabilité tout en permettant de repérer les protagonistes mis en jeu et constitués par la relation), c'est une logique toute différente – du tiers inclus et de la causalité non temporellement orientée – qui, de fait, s'applique à la compréhension et à la transformation.

Vient donc immédiatement la question : comment conjuguer et nouer, d'une part, analyser et exprimer, de l'autre, dans le Réel, ce qui se dit selon un mode et selon un autre, alors qu'apparemment il y a désajustement constitutif des « logiques » structurantes elles-mêmes ?

L'affirmation d'une « rationalité » commune est-elle pure gratuité ? Sinon, comment faire se correspondre le jeu du deux et celui du trois ?

Signaler d'abord que *la dynamique* dont chacun des domaines est le siège n'est pas de même nature : en général, dans le « numérique », il s'agit d'agencements ; que le nombre des éléments change ne fait que modifier le dénombrement, cela ne subvertit nullement le fait qu'il y ait « dénombrable » ; en ce secteur, le nouveau vraiment nouveau serait qu'il y ait un ajustement tel qu'il renverrait non plus à des éléments en interactions mais à ce qui ne serait pensable qu'en terme de globalité instituée, sans pour autant recourir à une simple systémique (qui ne fait que changer la taille et la définition des éléments interagissant) ; dans le secteur du « relationnel », ce ne sont pas les formes variées de la relation qui, au fond, sont en jeu ; la subversion viendrait plutôt du fait que, de telle nature de relation, alors s'introduit, en sus des protagonistes qu'elle désigne et constitue ce qui constitue *un partenaire* nouveau (comme une irruption d'avoir à *compter en plus…*) ; une fécondité donc qui ouvre sur un nouveau comme altérité en sus, avec laquelle le déjà donné, le déjà du relationnel, doit traiter et compter pour maintenir et sa subsistance et sa dynamique.

Ce serait donc dans cette fracture de ce que sont l'un et l'autre registre à l'occasion du « nouveau » les concernant, différemment dans leur dynamique propre, que pourrait se laisser repérer ce qui peut les associer et les conjoindre comme Réalité : l'un n'est déjà plus dans le seul ordre de la multiplicité (il s'y dessine comme une forme qui le somme), l'autre dans le seul ordre de la relation (il s'y constitue comme une ouverture au surgissement d'un Autre) ; que ces dynamiques d'innovation concordent alors, voilà de la Réalité selon un déséquilibre invariant (déséquilibre en ce que la stabilité, le statisme, ne sont jamais acquis de façon permanente en ce domaine, sous peine de mort ; invariant en ce que le principe selon lequel ce déséquilibre opère, reste le même pour maintenir la Réalité comme telle) ; qu'il y ait discordance, alors c'est l'amoncellement du chaotique : un réel éclaté et fondamentalement insaisissable.

I

6/11/83

INTELLIGIBILITÉ

L'intelligibilité, donc, mobilise d'abord le registre de la mise en relation et ensuite seulement celui des éléments mis en relation[23]. Son germe est dans la capacité associative, fût-elle discriminante, même si on lit son développement dans les combinaisons de ce qui fut associé.

Ainsi, c'est secondairement qu'on spécifiera compréhension et explication ; ou, à un niveau antérieur, *topos* intelligible et discernement de tracés ; la priorité logique sera accordée au rapport qui permet de les caractériser. Profond contraste avec les situations concrètes qui se donnent comme telles, d'abord comme objets (circonstances, événements, choses…) et ensuite seulement dans les significations que peuvent dégager les rapports établis entre eux.

---

[23] « D'abord », « ensuite » » » : il s'agit ici évidemment de succession logique et non de temporalité physique ou psychique.

N

11/07/1983

NOUVEAU

« Rien de nouveau sous le soleil »[24].

C'est que la source du nouveau est à rechercher au niveau de l'abstraction la plus élevée.

On ne la trouvera pas dans les fonctionnements déterminés, répétitifs, reproducteurs. Même pas dans le relationnel, bien que des traces s'en laissent déceler dans la venue au monde que constitue l'offrande ou dans la trace nouvelle qui s'inscrit dans l'histoire. La source du renouvellement se trouve dans la zone de l'intelligibilité, là où s'élaborent et s'échangent les significations, là où l'abstraction fait sens et le sens, orientation.

Thom mettait au défi de trouver une expérience qui ait modifié les concepts ou en ait créé ; je citais Michelson-Morley[25], pensant au « mélange» des coordonnées d'espace et de temps qui définissait l'élément de métrique en relativité générale. Mais c'était un tort et Thom avait raison : seule l'abstraction elle-même est susceptible du travail de création, même si l'expérience et le rapport au donné en constitue l'indispensable soubassement (ce à partir de quoi l'on abstrait).

La création est comme la réponse constructive, l'acquiescement à l'exactitude et à l'adéquation du travail d'abstraction et de compréhension à partir de ce que l'on observe ou qu'on traite.

---

[24] *Cf.* Ancien Testament, Ecclésiaste, 1,9 : *« Ce qui fut sera, Ce qui s'est fait se refera. Et il n'y a rien de nouveau sous le soleil »* (DB).

[25] Auteurs d'une série d'expériences d'optique (1881-1887) ayant pour but de mesurer la vitesse (constante) de la lumière dans son support supposé : l'éther (dont l'existence fut mise en doute) (DB).

O

4/11/1983

OPÉRATION ET ELEMENT

L'opération qui ouvre la série n'est pas, au départ, un élément de cette série puisque c'est par elle que la notion d'*élément* prend sa signification et que se trouve concrètement spécifié ce que sont les éléments. Mais, rétrospectivement, une fois constitués ces éléments et la série qu'ils forment, revenant à ce qui l'a permis, on caractérisera comme élément « premier » cette opération.

On conçoit donc une sorte de double statut, selon que la position est par rapport à ce qui est à venir ou par rapport à ce qui est advenu.

C'est un peu comme le « moment de l'inauguration ».

Après que la durée qu'il a autorisée ait été instituée, on pourra le définir comme un moment, le premier pour les autres ; mais, avant que cette durée l'ait « expliqué », il n'est en aucun cas un « moment » (les moments qu'il caractérise n'étant pas encore venus à l'existence), mais opération inaugurale à ce que ce type de moments devienne possible.

C'est donc le statut d'une coupure qui se trouve ici en jeu, qui participe d'un acte de coupure d'un côté et de la coupure comme objet de l'autre.

Peut-être est-ce ce type de double caractère qui permettrait de fournir un critère de « nouveau », de « création ».

R

13/4/1981

RATIONALITÉS

De la rationalité du discours à celle de l'objet, une combinatoire s'installe

Rationalités : un discours rationnel sur un objet rationnel, un discours rationnel sur un objet irrationnel, un discours irrationnel sur un objet rationnel, un discours irrationnel sur un objet irrationnel.

Un objet est rationnel en ce que beaucoup le définissent et le traitent comme tel, d'abord ; ensuite, en ce que l'acte effectué par quiconque sur lui sera reconnu comme ayant pour la plupart le même effet ou opérant la même transformation ; ce qui implique qu'il soit non seulement objet d'accord mais, en plus, objet d'expériences possibles et donc source d'effets où la convention peut jouer.

Un discours est rationnel en ce qu'y jouent minimalement, syntaxiquement, les ressorts de la logique sur des éléments lexicalement reconnaissables et reconnus (l'introduction d'éléments nouveaux est réglée par le jeu de définitions répondant à ces normes).

Cela n'a bien entendu rien (ou peu) à voir avec le vrai et le faux ! Tenir un discours rationnel sur un objet rationnel n'est qu'une condition nécessaire (du point de vue de la rationalité) ; à la rigueur, tenir un discours irrationnel sur un objet irrationnel peut répondre à la même nécessité.

RÉALITÉ

31/10/1980

1.

Dans l'hypothèse de l'existence d'une réalité « objective » et indépendante du sujet qui la et se pense, il est clair que ce sujet lui-même ne peut être pensé que comme produit de cette réalité, si complexe synchroniquement, si étendue diachroniquement, qu'elle soit.

Aussi n'est-il peut-être pas si surprenant que les opérations logiques et les constructions conceptuelles produites par le cerveau du sujet aient quelque chose à voir, quelque chose de commun, avec cette réalité dont ce cerveau est lui-même le produit, quand bien même il ne s'agirait pas d'une relation simple - *a fortiori* d'une isomorphie de structure -.

Dans le cadre de cette hypothèse, la définition de la réalité comme objet d'étude a donc un sens, au même titre que la démarche qui consiste à faire un objet d'étude de la relation entre cerveau du sujet et réalité extérieure. La dichotomie entre le sujet et la réalité n'apparaît ici que comme commodité d'expression et nullement comme nécessité conceptuelle, dans la mesure même où, pensé comme produit, le sujet participe pleinement de cette réalité qui somme toute n'a de caractéristique propre par rapport à lui que d'exister en dehors même de la conscience qu'il peut en avoir.

Dans l'hypothèse inverse, où la « réalité » ne serait qu'un produit de représentation du sujet qui la construit et perdrait ainsi ses caractères d'autonomie, il n'en demeurerait pas moins qu'en tant que produit « cérébral » du sujet, ce réel se verrait conférer des propriétés et des agencements compatibles avec la nature des productions conceptuelles et des opérations logiques dudit sujet. Il pourrait donc constituer tout aussi légitimement un objet d'étude dont l'accessibilité serait garantie par le processus même de sa production.

Ainsi les deux positions, du fait qu'elles mettent en jeu une production de l'un par l'autre (et quel qu'en soit le sens) permettent l'établissement d'une relation de signification entre réel et sujet et garantissent la compatibilité des structures mises en rapport.

Le seul cas qui poserait réellement question radicale (et non relative, par la complexité par exemple) de compatibilité, donc d'accessibilité, serait en fait celui où serait affirmée l'indépendance totale des sources du sujet et du monde qui l'environne, ce qui pourrait impliquer une totale irréductibilité de l'un à l'autre et une étrangeté complète.

En mettant pour l'instant ce cas de côté, on peut s'interroger sur les raisons qui font, dans les deux premiers, que le rapport d'une inter-connaissance totale et complète ne soit pas d'emblée établie sans effort ni intermédiaire.

14/1/1981

2. (suite de 1.)

Si l'on évoque un argument de *limitation* – celui du produit au regard de sa source, de ce qui le produit, ou encore celui du contenu au regard du contenant – qui serait à l'origine de quelqu'effet d'incommensurabilité entre le « le sujet » et « le monde » (et cela sans qu'il soit possible de spécifier *a priori* les positions respectives, puisqu'aussi bien le sujet donne-t-il l'impression de n'être qu'une part spatio-temporelle du réel mais qu'en même temps, de par l'imaginaire qu'il comporte et crée, il semble déborder largement le support que lui offre le réel et se constituer ainsi en racine d'un hétérogène au donné), il convient de situer l'excès – ou le manque – pour pouvoir le parler, faute de le réduire.

Qu'est-ce donc qui fait méconnaissance ?

Et d'abord, comment est-il possible de concevoir encore que les deux positions restent en jeu, dès lors que la méconnaissance semble fonctionner dans le seul sens sujet-réel - et qu'en tout cas, c'est ainsi que dans l'opératoire et la pensée se pose la question, au moins dans son temps initial -, ce qui pourrait d'emblée indiquer le lieu de la limitation et résoudrait du même coup la question du sens de la production – établissant ainsi définitivement le point de vue « matérialiste » ?

C'est qu'il demeure possible – voire probable, à la lumière des expériences mêmes des sujets sur des domaines limités qui puissent leur être coextensifs – que plane une méconnaissance profonde du sujet créateur, producteur du réel, sur lui-même, et à travers lui-même comme représentation, sur le monde qu'il a produit et qu'il continue à produire.

Ainsi la méconnaissance apparaît-elle dans le mouvement même de la séparation d'un sujet et du réel, dans leur non-identité, que ce réel (ou ce sujet) soit donné au construit (qu'il soit, simultanément et pour parties, les deux, tissant ainsi un Univers d'intrications, n'est pas moins intéressant à penser, mais semble, par cette duplication des sources, renvoyer à la problématique que nous avons, pour l'instant, mise de côté) ; mais elle apparaît aussi, au cœur même de l'identique, comme incapacité à percevoir et reconnaître cet identique dans sa globalité.

C'est que toujours se trouve posée la question du *nouveau*, soit : la nature de l'insertion dans un processus, par opposition à la permanence intemporelle de l'état, qui seul permettrait l'adéquation complète, en l'absence de toute genèse possible, de toute création pensable.

Et que le *nouveau* perce à la fois dans le regard du sujet, qui comporte la dimension de l'imaginaire, et dans le monde, qui continue à produire, en ce qu'il n'est pas mort et stable.

De là que les sujets diffèrent (synchroniquement, par hétérogénéités locales, diachroniquement, comme produits historiques) et que le monde apparaisse variable à travers les regards qui en rendent compte ou le constituent.

4/2/1981

3.

Le nouveau, cependant, n'apparaît tel qu'au regard d'un inachevé, puisqu'aussi bien ce qu'il a constitué dans la pensée (ou dans le monde) contribue précisément à le présenter et le représenter comme du déterminé, si ce n'est du nécessaire. Mais *a posteriori* ; toujours *a posteriori*. Comme si le travail ou l'activité de pensée n'avait pour « objet » que d'englober le nouveau surgi ailleurs en se constituant par lui (ou de constituer un réel qui serait le répondant d'associations de représentations non encore réifiées ou « incarnées »).

C'est le fond même de cette activité proliférante dont la source est dans quelqu'inadéquation entre le sujet et le monde (quelque méconnaissance) que de se faire racine du mouvant, par contraste avec une permanence perdue ou souhaitée, ou en voie d'élaboration. Deuil, idéal ou travail, tout y est, dans l'individuel et le collectif, pour qu'il y ait du mouvement, du fugitif, du passager. Autant dire : pour qu'il y ait de la durée et, par extrapolation, du temps.

RÉEL

1977

1.

Le réel est rationnel. Hum ! Tout le réel est rationnel. Certes non !

Provocation ? Voire…

Point de vue : le « matériel » – y compris biologique, y compris la pensée réflexive (qui l'appréhende par le mouvement même qui l'a produit) – est rationnel.

Double adéquation, comme produit et comme interprétation, de la pensée logique. Tel est le support et la fonction du « scientifique ».

Le « psychisme » – de tout le biologique, y compris du matériel –, que supporte et que sécrète tout « matériel », ne l'est nullement. Terrain du désir et du rêve.

Descente : du « matériel » au « psychique » par l'œil du technicien, jusqu'à l'expérimentation – rationnelle – du psy, jusqu'à la psychanalyse.

Démarche scientifique.

Remontée, du psychique au matériel par l'œil du magicien, jusqu'à la vie vécue des désirs entremêlés, contradictoires, à la fois là et pas là, A et non-A, ubiquiste et a-topique.

Démarche désirante.

Double articulation de deux mondes, tout aussi réels l'un que l'autre, mais fonctionnant de façon radicalement différente :

articulation scientifico-réductrice, pleine de trous par où s'échappe le réel psychique, articulation magico-proliférante, trop-plein où étouffe le réel matériel.

Coexistence, cohabitation de deux discours – parlant aussi, ironie, chacun de l'autre –, dans des dimensions différentes où chacun est non-sens pour l'autre, bien que participant tous deux du même réel.

Être à la fois de ces deux dimensions, ce qu'est pourtant le réel, tenir à la fois les deux bouts de la chaîne, ce que tient pourtant le réel, telle est proprement la vraie Folie, où se définit aussi un lieu du sacré.

10/1980

2.

Plutôt que continuer à se poser la question des constituants ultimes dont l'Univers serait une synthèse composée à travers des interactions élémentaires, n'est-il pas temps de commencer à inverser le point de vue et de s'interroger sur les causes et les raisons qui font que l'Univers se décompose de telle ou telle façon quand on tente de l'explorer ?

Ce qui revient à une sorte de retournement conceptuel entre le construit et le donné, pas moins arbitraire dans le rapport au réel, mais désormais peut-être plus fécond dans son examen et les connaissances que l'on peut en tirer : penser le complexe « interagissant » comme le donné « premier » d'où, par tel découpage – mode d'investigation mental ou pratique – ou tel autre, surgissent des parties, non comme éléments constitutifs mais comme formes particulières de séparations. Les parties se trouvant ainsi « expliquées » par l'ensemble dont elles sont issues, par le processus d'investigation lui-même, référées simultanément au complexe « unitaire » qui les produit et aux opérations conceptuelles qui les spécifient comme phénomènes et comme observables.

Le problème principal, dans cette perspective, devient alors : pourquoi une séparation, une décomposition de cette nature-ci plutôt que de cette nature-là ?

La relation au réel reste posée comme douteuse (ce mode de décomposition est-il ou non inhérent aux propriétés d'un réel objectif, ou constitue-t-il seulement une réponse sur-déterminée et induite par la nature des questions posées, c'est-à-dire par les représentations cérébrales de la raison humaine ?), mais cette fois sous forme de découpage d'un donné plus que sous forme de construction à partir d'éléments ; de ce fait le complexe unitaire lui-même se trouve-t-il mis en cause de façon différente – pour lui-même et de façon plus radicale – que d'un point de vue « constructiviste-interactionniste ».

20/8/1981

3. Réel et Rationnel

Je peux, par le choix d'un potentiel judicieux, rendre compte de comportements variés, voire discontinus, d'un système physique ; je peux même déceler éventuellement pourquoi tel terme joue à tel endroit de mon espace de phase un rôle plus important que d'autres ; je peux attribuer à une fluctuation un rôle déclenchant, dans un sens ou un autre, pour l'évolution de mon système ; mais d'où saurais-je *a priori*, avant que je l'aie expérimenté, que mon système contient ou non ces bifurcations, ces transitions, ces évolutions, dans son possible ?

Autrement dit, qu'est-ce qui peut me guider dans le choix du potentiel, si je n'ai pas déjà décrit et connu toute la gamme des possibles de mon système – au moins dans un certain domaine – ?

Rien, bien entendu, si ce n'est une prise de position à proprement parler métaphysique : qu'il y a quatre éléments, dont une quintessence est possible, ou quatre propriétés, qui se conjuguent avec ces éléments, ou toute une rose des vents qui n'est là que pour m'orienter.

26/8/1981

4. (suite de 3.)

L'approche dite scientifique et rationnelle du monde s'est constituée, comme on l'a déjà noté, à travers des mouvements de séparation : délimitations d'objets d'étude, découpages du monde en termes de ces objets, évacuation des sujets pour aboutir à des énoncés objectifs, soit tout un processus d'analyse où le principal est la bonne désignation des constituants, dans leur pureté conceptuelle, quitte ensuite à tenter de reconstituer du complexe, à partir de ces ingrédients, en les faisant interagir.

Cette Pensée donc voit le réel surtout comme construction à partir de briques isolées, existant par elles-mêmes dans leur isolement ; la démarche conduit ainsi, logiquement, d'une part à rechercher les briques ultimes à partir desquelles des constructions intermédiaires – servant elles-mêmes d'éléments de base ultérieurs – sont constituées, et d'autre part, à spécifier la nature des interactions qui permettent de rendre compte, en agençant les constituants suivant ces lois d'interaction, du monde tel qu'il est observé.

Très rapidement, cette démarche, qui convient très bien à certains secteurs du réel (encore que certaines limites semblent en voie d'être atteintes là-même) s'est trouvée tout à la fois généralisée, réifiée et hypostasiée comme la seule démarche de pensée susceptible d'être qualifiée de rationnelle ; ce qui se comprend fort bien, au demeurant, si l'on rappelle que c'est *aussi* contre « l'irrationnel » de la pensée magique (où dominent le mélange et l'intrication, par opposition aux découpages et séparations) et religieuse que le scientifique s'est constitué.

Mais dès lors, s'est trouvé éliminé, du même mouvement, ce point de vue sur le réel – et notamment les hommes et leurs relations – selon lequel, en lieu et place de la constitution d'un ensemble à partir d'éléments plus « simples », c'est l'ensemble lui-même qui constitue, par jeu de variations, ce que l'on peut désigner, mais après coup, comme ses éléments.

Nous l'avons déjà mentionné antérieurement : la dérivation du multiple par spéciations à partir du complexe unifié a totalement laissé la place, en ce qu'il est convenu d'appeler le rationnel, à la construction de l'organisé à partir des interactions d'éléments simples.

C'est aussi contre l'excès d'un tel mouvement qui, au fond, désigne le Réel comme agencements d'existants fondamentaux et comme les interactions qui les agencent, que protestent certains scientifiques, sans pour autant renoncer aux acquis, dans des secteurs limités et bien définis, de cette « méthode » (mais comme telle et non pas comme « *Weltanschauung* ») ; d'une certaine manière, c'est une façon de résister à une réification trop intense du Réel (résistance qui se fait, soit au nom d'un « vécu » qui ne saurait entrer dans ce type de catégories, soit au nom d'un refus du dualisme implicite auquel tend à conduire cette réification).

C'est pourquoi, énoncer que « le rationnel » doit advenir dans le relationnel individualo-parental et dans le social, c'est risquer d'être compris à l'envers de ce que l'on veut dire, à savoir introduire l'unilatéralité du scientisme au sein même des lieux où certains puisent leurs forces dans leur combat contre cette unilatéralité et ce scientisme !

(N'oublions pas que l'échec « goulaguien » dans les pays de l'Est est aussi perçu, par certains côtés, comme échec d'une théorie « scientifique » – scientiste – de l'histoire et de la Société).

Il faudrait donc, à chaque fois que le terme est utilisé, expliciter exhaustivement et précisément ce dont il s'agit – et cela n'est guère commode – ou bien accepter d'utiliser un autre terme, moins marqué, quitte à en forger un de toute pièce.

D'autant qu'il s'agit de parvenir à cette conjugaison (à cette conjonction) où tout à la fois le Réel, le Donné, se prenne et se rende comme spéciations d'éléments à partir de l'unité, au même titre que constitution et unification à partir d'éléments ; si – abusivement – je transpose et schématise : du « rationnel » dans le social, de la « socialité » dans les interactions !

RELATION

13/11/1983

1.

Lorsque des éléments (ou des coefficients) sont donnés ou posés comme tels, le principe de leurs conjonctions – et plus généralement de leurs rapports – ne peut évidemment se réduire à l'un d'entre eux.

On est donc conduit à considérer que, tel un opérateur, il intervient à partir d'un extérieur (ou « il peut être analysé comme intervenant partir d'un extérieur »), par rapport aux éléments du paysage sur lesquels il opère.

En revanche, cet « extérieur » se présente comme le secteur où s'élabore la compréhension du paysage, le secteur de son intelligibilité. Bien qu'on puisse y distinguer des caractères spécifiques et aussi bien des opérateurs, cette intelligibilité ne se divise pas, sous peine de perdre son statut d'intelligibilité proprement dite.

On se trouve donc confronté à deux manières d'aborder la relation, soit qu'elle résulte d'une mise en rapport entre éléments qui lui sont hétérogènes, soit qu'elle se présente elle-même comme générativité du sens des éléments et coextensivité à leur existence ; selon chacun des cas, on se réfère à des espaces distincts : soit un paysage dans lequel interviennent des opérateurs, soit l'espace constitué par ses opérateurs eux-mêmes, constitutifs de l'intelligibilité.

14/11/1983

2. (suite de 1.)

Ou adoptera-t-on une représentation un peu différente ? Que la nature de la relation dans l'indivisibilité conceptuelle (même si distinction abstraite il peut y avoir) participe de cette indivisibilité comme des éléments qu'on y repère, pourvu que ceux-ci ne soient jamais considérés comme indépendants les uns des autres et que, par contraste, cette même relation, quoiqu'opérant sur eux, reste hétérogène à la nature des éléments susceptibles de se présenter dans le concret du paysage ou le réifiable de l'existence ; en ce cas, la relation prend place comme spécification supplémentaire à effet problématique (alors que dans l'abstraction, elle contribue à la caractérisation des éléments eux-mêmes et en cela ne fait pas problème de son rapport avec eux).

16/11/1983

3. (suite de 2.)

La question, d'une certaine façon, demeure : on distingue un principe de conjonction (de relation) entre des termes, qui donc ne saurait se réduire à être lui-même un terme. Dans le secteur de conception, il opère, sans qu'il soit envisageable de le séparer des termes qu'il conjoint, puisque ceux-ci ne trouvent lieu d'être que par celui-là (dans le secteur du conçu, en revanche, il apparaît comme résultat problématique de rapports eux-mêmes épisodiques entre protagonistes qui cependant ne deviennent tels qu'à travers lui). Est-il pensable que ce principe de conjonction ne se présente que comme une face – et par là en rapport d'exclusion mutuelle dans la présentation – de ce qui serait « terme » aussi selon une autre face (et en cela assimilable aux éléments que désigne la relation) ?

Autrement dit, une relation et les deux termes qu'elle spécifie, selon quel point de vue et avec quels rapports entre eux, cela peut-il être vu comme trois termes, étant bien entendu que n'est pas remis en cause le principe d'unification ?

La première représentation peut correspondre à la génération vue du côté de qui est généré (la conception comprise à partir de la position du conçu) ; la deuxième correspondrait alors à la compréhension de cette conception vue à partir de qui conçoit : ce qui se met en jeu dans l'œuvre créatrice, selon le point de vue de la création en train de se faire. On spécifierait alors le troisième terme non pas comme réification d'une relation (qui, cette fois, paraîtrait seconde) mais comme *l'intention*, la volonté qui anime la conception elle-même ; la condition en quelque sorte à l'ensemble que constitueront la relation et ses protagonistes.

On aurait ainsi deux démarches d'explication et de compréhension :

- selon l'après coup – le produit –, la relation duelle qui l'a permis entre le couple qu'elle désigne ;

- selon le contemporain – en train de se produire –, l'intention qui incite le couple à engendrer.

Deux figures qui se présentent en alternance pour la mise au jour du paysage et de l'expérience.

Juin 1980

REPRODUCTIBLE ET PRÉDICTIBLE

On peut d'emblée déceler au moins deux articulations pour lesquelles la méthodologie scientifique, confrontée au monde qu'elle entend comprendre et expliquer, peut se trouver hors d'état d'opérer, au sens d'une intervention cohérente avec ses propres positions : le rapport au « reproductible » d'une part, au « prédictible », de l'autre.

Remarquons, en passant, que ces deux aspects, qui peuvent paraître étroitement liés (on peut prédire parce que l'on peut reproduire), ne le sont pas nécessairement au regard du statut de la « loi » scientifique, qui n'est pas produite seulement comme expression d'un paradigme donné, mais à qui les scientifiques confèrent aussi la potentialité d'être porteuse, dans ses conséquences et ses développements, de réponses à des questions non encore formulées ou formalisées (valeur « objective » et générale de la loi).

La reproductibilité est une condition nécessaire d'appartenance des phénomènes étudiés à l'espace conceptuel, celui de la pensée rationnelle, où opère le fonctionnement logique. En dernière analyse, en effet, cela revient à dire que, pour ces phénomènes, dans des conditions identiques, les mêmes causes produisent les mêmes effets, le lien entre les deux étant précisément exprimé et formalisé par la loi scientifique. Il est clair qu'une telle condition ne peut être remplie que pour des phénomènes tels que l'échelle de temps, associée aux modifications intrinsèques qui leur sont propres, est très différente de celle qui est associée aux changements des conditions dans lesquelles ils peuvent se produire (sinon il n'est plus possible de séparer conceptuellement le phénomène en question – et la causalité qui lui est liée – de son « environnement », pris en compte par l'expression « dans des conditions identiques »). Cela signifie en particulier que la méthodologie scientifique découpe le réel de telle façon que les objets qu'elle se donne comme scientifiquement pertinents appartiennent exclusivement à cette classe de relations entre « phénomènes » et « environnements », entre modifications causales intrinsèques et permanence extérieure.

Ce découpage du réel, dont l'effet (et la raison profonde) est de créer comme une isomorphie entre les faits d'observation ainsi définis dans l'espace réel et les opérations logiques dans l'espace conceptuel, apparaît *a posteriori*, et au regard de la pensée rationnelle, comme le seul possible, puisque précisément le seul à faire écho et relais dans le monde concret, aux opérations de cette pensée qui se donne à elle-même comme référence ultime. De ce point de vue, l'évolution des théories scientifiques – et leur succession – peuvent apparaître comme un affinement ou une refonte des découpages, au fur et à mesure que l'interaction entre l'analyse du réel et l'approfondissement de la pensée rationnelle se développe dans le temps, dans l'histoire.

[Le fait que la science puisse se poser des questions dans ses termes spécifiques sur des événements peut-être uniques (par exemple le *« big bang »* comme origine de la naissance de l'univers en expansion) n'est pas une objection au critère de reproductibilité ; il s'agit en effet de formaliser cet événement unique de telle façon que si des conditions identiques se reproduisaient, il aurait lieu pareillement, selon la loi qui l'exprimerait].

La prédictibilité, une fois dégagée de tout ce qui en elle pourrait se réduire au reproductible (et qui, de fait, en constitue en général la part la plus grande, mais non la plus importante) possède un statut bien différent : il s'agit d'une prise de position suivant laquelle il doit être acquis par avance que tout phénomène, non encore observé mais éventuellement observable, devant advenir dans le domaine où une loi est reconnue comme valide, sera nécessairement régi par cette loi.

Autrement dit, que l'énoncé d'une loi abstraite portant sur un domaine de validité bien défini contient la formulation et l'expression de toute potentialité d'événement ressortissant à ce domaine.

L'analyse poussée de la loi, au-delà des phénomènes (concrets ou abstraits) qui ont permis et justifié de la fonder, permet donc, en principe, de prédire des phénomènes « nouveaux » (au sens de non encore mis en évidence), pourvu que soit mis en œuvre l'agencement qui conduira ces phénomènes à se produire ou à se manifester.

De ce fait, la loi se trouve investie de potentialités latentes qui vont bien au-delà de ses capacités descriptives à « rendre compte de » ou de ses capacités de synthétiser l'ensemble du connu pour lequel elle est pertinente.

Deux points d'analyse critique possibles – totalement différents dans leurs fondements – émergent de cette description :

- le premier a trait à la notion de « domaine de validité » et ressemble en cela à ce qui a été abordé à propos de la reproductibilité, relativement aux « conditions identiques » qui permettent d'isoler le phénomène.

Il s'agit bien là, en effet et à nouveau, d'un effet de découpage du réel qui, s'il n'intervient pas cette fois au niveau de la spécification de l'objet (c'est-à-dire en quelque sorte « en compréhension »), s'impose dans la définition de l'espace conceptuel où l'objet est censé évoluer pour conserver la pertinence de sa spécification (découpage « en extension ») et de sa relation avec la loi qui en décrit le comportement. Là encore, il s'agit d'un renvoi à l'espace de la pensée logique et rationnelle et à l'isomorphisme imposé entre le fonctionnement des agencements de cet espace et celui des objets scientifiques.

- Le second est de nature bien différente ; pour schématiser, disons qu'il s'agit d'une prise de position à la fois idéologique (quant au statut de la Science, à son pouvoir explicatif et à sa destinée d'être le recours ultime de l'explication) et émotionnelle (quant au rapport à la totalité, à l'inconnu, au possible) dont se trouve investie la loi scientifique comme instrument de médiation entre l'homme et le monde et de domination de celui-ci par celui-là.

De fait, c'est dans le critère de prédictibilité que se joue toujours le caractère d'acceptation théorique et d'adhésion subjective à l'opératoire d'une démarche culturelle, que ce soit dans le magique, le religieux, l'ésotérique ou le scientifique (outre, bien entendu, sa puissance « explicatrice »).

Que la Science soit là apparemment confrontée à une contradiction éclatante, attestée et répétitive, en ce sens que le surgissement de la toute nouvelle loi scientifique se génère précisément – en particulier – de ce que la prédictibilité du système de lois antérieur ait été mis en défaut, n'est pas, au fond, un trait qui lui revienne en propre, si l'on remarque que ce n'est pas l'aptitude de sa démarche générale à émettre des lois de prédictible qui est en cause, mais telle formulation particulière historiquement située ; n'en était-il pas de même dans le traitement social de l'intervention magique, par exemple, où ce qui était en cause dans l'échec de l'opération n'était nullement associé au système de représentation et à sa légitimité mais bien à la « maladresse » (technique ou spirituelle) de l'opérateur (qui d'ailleurs pouvait la payer fort cher !) ? Bien sûr, la Science, en découplant ce qui relevait de sa démarche générale de l'expression particulière de lois scientifiques (actualisations concrètes de cette démarche *hic et nunc*) a introduit une instance nouvelle, telle que toute la fragilité de son statut est désinvestie de l'opérateur particulier comme de sa situation socio-conceptuelle, pour se concentrer dans la discussion de la validité des lois spécifiques.

Rassurant pour le système de représentation et rassurant aussi pour les êtres humains qui l'assument et le mettent en œuvre pratiquement ! Soit un gain idéologique net par rapport à la situation où l'échec devait se monnayer en termes de remise en cause complète d'une vision du monde ou en termes de mise en accusation d'un opérateur.

Ainsi l'affirmation du caractère de prédictibilité de la loi scientifique renvoie-t-elle moins à l'absolu de son propre énoncé qu'au double mouvement qui, d'un côté, met hors de cause l'être humain qui observe ou met en œuvre et qui, de l'autre, érige en croyance mythique la valeur complète et totalisante de la démarche scientifique elle-même, au-delà de sa réalisation particulière en telle ou telle loi. Il y a, dans ce déplacement implicite, comme une forme de « mauvaise foi » en action, dont l'enjeu est la garantie du dogme et la préservation de ceux qui le professent.

En fait, cette « mauvaise foi »-ci fait écho à une autre mauvaise foi, plus fondamentale, de la démarche scientifique elle-même, en ce que son activité principale consiste d'une part à se donner exclusivement des objets cohérents avec son propre fonctionnement interne (découpage particulier du réel selon des critères implicites d'isomorphie avec l'espace logique de la pensée conceptuelle) et d'autre part, généralisant les succès obtenus à partir de ce découpage particulier, à se poser comme référence ultime d'un rapport de compréhension et de familiarité avec une totalité unifiée et dense, dans laquelle ce découpage aurait disparu.

S

15/10/1980

SCIENCE

La plus formidable entreprise d'auto-sécurisation, de rassurement ontologique de l'être humain comme individu et comme collectivité, l'oubli, à travers la Science – ce mode particulier de connaissance, par lui construit et élaboré à cette fin même –, *l'oubli de lui-même comme sujet*, est en train de s'effondrer. Au cœur de sa démarche, ce qui, en cela, marque la fin principielle et essentielle d'un tel projet, il se retrouve comme sujet, de par le statut « scientifique », le concept d'*observateur* qu'il est obligé de réintroduire pour la cohérence même de sa visée.

La fin de la Science comme voie privilégiée de Connaissance du monde et de l'Etre humain au monde, ne vient donc pas d'éventuels échecs dans ses objectifs avoués ou d'incapacités dans les moyens employés, elle résulte, plus profondément, et hors toute critique épistémologique, de la nécessaire réinscription du sujet dans ce qui avait pour fin d'en faire l'économie. Certes, la voie de connaissance et ses résultats subsistent, le projet, par-delà, qui, sans le dire, en était sous-tendu, aboutit à l'échec : la passion et la mort n'ont pu être évacuées !

L'être humain, malgré l'immense détour effectué pour échapper à sa subjectivité individuelle et collective, se retrouve à nouveau, comme si de rien n'avait été, face à lui-même. Comme composante insuffisante et cependant nécessaire de ce monde qui l'a produit et en qui, faute d'avoir pu y trouver son identité et sa cause, il cherchait, au fond, son absence.

Il faut s'attendre, puisqu'inlassablement c'est là l'activité dominante de l'être humain (au moins occidental, celui qui a cet occidental rapport au temps) à ce qu'un nouveau projet voie le jour, qui portera en lui, dans sa mise en œuvre même, si ce n'est l'aveu explicite de l'élucidation profonde, au moins le même souci tacite d'écart et d'évitement du sujet vis-à-vis de lui-même.

Après le tragique du destin antique, le mystique du divin médiéval, l'objectif du scientifique contemporain, quelle illusion bâtira à nouveau le sujet occidental pour s'échapper à lui-même et éviter ainsi de dire qu'il erre, qu'il éprouve, qu'il vit et qu'il meurt ?

1982

SCIENTIFICITÉ

Parmi les critères admis de la scientificité, encore, la vérifiabilité et la falsifiabilité. Il semble que là, enfin, on touche à du concret, du solide, à une ligne de partage claire et nette. Et pourtant, quand on y réfléchit, ces critères mêmes ne sont en mesure d'opérer que sur la base de consensus socio-culturels implicites touchant à trois instances au moins :

ce qu'est l'objet d'étude,

la nature de la « loi » qui le gouverne,

le rapport qui peut s'établir entre eux.

Ces consensus ne se font pas de la même façon selon les référents variés de civilisations distinctes, du fait même, d'ailleurs – à moins que cela ne l'induise, ce qui conduit à des effets semblables –, que le statut de l'explication n'est pas identique.

Ainsi, il se vérifie aisément que telle danse collective permet, si elle est bien exécutée et si elle s'adresse au bon destinataire – entité ou élément – de faire pleuvoir à volonté ; s'il ne pleut pas, c'est que, nécessairement, a eu lieu soit une faute dans le rituel, soit que l'objet sur lequel cela devait opérer n'était pas l'objet adéquat. Un peu comme si, en appliquant un champ électrique à des atomes ionisés, on savait que, nécessairement, une déviation de la trajectoire devait intervenir et que s'il n'en était pas ainsi, il fallait, soit que le champ électrique fût tombé en panne, soit que l'objet eût changé en devenant atome neutre par exemple. Il suffit que la définition de ce qu'est un objet et de ce que peut être sa permanence change pour que des vérifications ou des falsifications ne puissent être spécifiées comme telles. (C'est notamment ce à quoi peut se heurter actuellement un aspect de l'interprétation de la mécanique quantique : dire ce qui se passe de façon « scientifique », mais dans les termes de catégories d'opérations ou d'objets qui ne lui correspondraient pas exactement, ceux de notre expérience plus habituelle).

De même, tel traitement effectué sur tel malade a toujours la vertu de le libérer de son mal. Si cela ne se vérifie pas, c'est que le traitement n'était pas le bon traitement, le malade un « bon » malade, ou encore que la relation thérapeutique est venue s'interposer entre les partenaires, inhibant ainsi l'efficacité. On peut remarquer qu'une telle analyse s'effectue aussi bien pour un désenvoûteur et un envoûté, que pour un médecin et son patient et pourquoi pas, pour un psychanalyste et son client.

Plus profondément, ce peut être la représentation d'un rapport de cause à effet qui se trouve en jeu. Dans certaines cultures, il n'y a pas pertinence pour l'introduction d'un tel rapport, du fait que c'est la correspondance tout à la fois formelle et concrète qui régit le fonctionnement du monde. Au sein même de notre civilisation scientifique, combien de fois a-t-on pris pour rapports directs de cause à effet ce qui n'était en fait que corrélation d'événements distincts, non directement liés mais issus d'une même cause ? Jusqu'à ce qu'un renversement de perspective permette d'élaborer comme un nouveau paradigme explicatif et opératoire.

Pourtant il y a bien quelque chose qui rend la science occidentale particulière, au sens d'une capacité de compréhension et de transformation du monde. Mais peut-être ne faut-il pas chercher ce quelque chose dans la délimitation de critères précis (reproductibilité, prédictibilité, vérifiabilité, falsifiabilité, aptitude explicatrice…) extérieurs au projet qui l'a élaboré et qui le porte.

Ce projet est celui d'une maîtrise du réel pour suturer ou guérir une fracture entre ce qui s'est pensé comme sujet au monde et ce monde même.

Pour parvenir à cette maîtrise, jamais atteinte, c'est une stratégie de conquête d'un indéterminé et d'un non-délimité – en tracer les bornes, le mettre en ordre – qu'il a fallu engager et cette conquête, pour opérer comme telle, doit définir dans son propre mouvement les objets qu'elle se donne à investir et à contrôler, exigeant en retour le signe – dans ses propres termes évidemment – du succès acquis, du progrès accompli. En cela, la science se condamne à « marcher », c'est-à-dire à opérer les découpages objectaux et les mises en ordre qui répondront vraiment efficacement aux menées qu'elle entreprend dans le secteur qu'elle entend conquérir. En même temps, elle laisse la place aux interrogations sur ses propres démarches ; mais cette nécessité, du point de vue de ce qu'elle est, de son économie interne pourrait-on dire, en vue de la réalisation de ce dont elle est investie par nos sociétés, peut devenir le lieu d'où peut surgir sa subversion. Soit que l'interrogation porte sur son inaptitude à traiter les secteurs de vie et de relations qu'elle délaisse, soit encore qu'on lui demande des comptes sur le sens même de son entreprise – en termes de formes de développement ou en termes de nature et de place de cette connaissance qu'elle entend monopoliser.

Un regard donc pour comprendre et déchiffrer un versant du réel, mais sûrement pas le seul regard pour tout le réel.

29/12/1981

SUJET

D'un énoncé « scientifique », les pronoms personnels, quant à l'énonciateur, sont absents. Toute l'élaboration de ce qui s'est constitué comme « la Science » a tendu à séparer la parole du sujet qui la porte pour en faire une déclaration anonyme sur les objets qu'il s'est donnés ou qu'on lui a proposés ; d'où le statut et la représentation de « la loi » scientifique : générale, objective et régissant tout ce sur quoi elle est censée s'étendre ; à la limite, cela devint aussi un critère du « rationnel » en la matière : qui parle ? La raison, ou la nature, ou… mais certes pas ce sujet humain pour *ce* sujet humain.

Il est assez aisé de retracer comment une telle approche a pu constituer la base, puis les conditions de développement du scientisme, après avoir permis la sortie du religieux et de l'obscurantisme, encore que des positions « dogmatiques » aient pu par là se transmettre ; mais ce n'est pas, ici, notre propos ; il tiendrait plutôt dans la mise au jour d'un double débat :

- le premier se poursuit dans les sciences exactes : s'il n'est pas question (sauf pour quelques rares exceptions) de réintroduire encore le sujet comme tel dans l'interprétation de l'expérience et la formulation des lois que l'on peut en dégager (ou qui la suscitent), nous assistons par contre à la restauration, à travers le concept d'observateur et le rôle qu'on lui fait jouer, en physique moderne par exemple, d'une espèce de sujet paradigmatique, dont il importe peu pour l'instant que ce soit toi, ou moi, ou lui, pourvu *qu'il y ait* un toi, un moi ou un lui ; non pas seulement comme interlocuteur à qui l'on s'adresse, ou comme émetteur d'une information – cela a toujours été, bien sûr – mais bel et bien comme constituant indissociable de l'expérience elle-même, déterminant quant à ses résultats, au même titre que le montage qui la met en œuvre et la produit.

- Le second concerne ce qui peut se dire – et la façon de le dire – de ce qui est proprement humain, individuel ou collectif, psychologique, économique, social, politique…

Comment un sujet pourrait-il complètement se désinvestir de ce qui se dit de nous, de lui ? L'illusion de l'applicabilité d'un modèle scientifique unique, celui des sciences exactes, et de la soi-disant « neutralité » de ses énoncés comme critère – entre autres – de rationalité, a mené à ce paradoxe que le sujet se perd dans le moment même où il se prend comme objet (d'étude) et que, pour se restituer, il doive renoncer à s'énoncer rationnellement ! Comme si devait se perpétuer, comme condition d'élocution reconnue en la matière, une séparation radicale entre qui parle et ce qui est dit.

D'autant que ce n'est jamais une pure information qui, simplement, circule, en ces questions, et qu'à tout le moins, le traitement auquel elle serait soumise est lui-même signifiant pour les interlocuteurs.

Or, en ce domaine spécifique de la connaissance qu'est la connaissance de l'humain, de son élaboration, de son vivre-ensemble, il n'est pas possible que soit *intégralement compréhensible* un message qui serait totalement étranger à qui l'émet ou, autrement dit, que soit *complètement audible* celui qui propose ce qui ne lui correspondrait pas un tant soit peu.

C'est dans une certaine forme d'adéquation de l'un à l'autre que parviennent à se transmettre et l'un et l'autre, sans qu'il soit nécessaire d'opérer une dissociation inutile et mutilante. C'est dire que la volonté de transparence d'un individu quant à ce qu'il émet ou transmet ne peut, au moins partiellement, qu'être illusoire. Entendons-nous bien : ce n'est pas que la nature ou l'authenticité ou la valeur du message *dépende*, en tant que tel, de qui l'exprime ou de l'investissement subjectif de qui s'en fait le relais – en cela on peut parler d'*inaltérabilité* du message lui-même – mais sa transmission, ce qui en est entendu, voire vécu, par ceux à qui il s'adresse ne saurait se dissocier complètement de son auteur ou de son transmetteur, pour autant qu'il s'agisse de *nos* problématiques – *a fortiori* lorsque c'est l'oral qui est en jeu.

A fortiori aussi lorsque la communication ne se limite pas à simple évocation ou enseignement d'un savoir, mais qu'il y est question, au moins implicitement, d'une mise en œuvre de ce savoir en vue d'une effectuation selon une éthique ; comment pourrait-on disparaître, ou demeurer transparent, lorsqu'on fait allusion à un « système de valeurs », à une référence ? Au contraire, pourrait-on dire, en de tels sujets, c'est aussi à travers la réfraction qu'en propose celui qui parle que commence à être accessible ou saisissable la référence en question. Qu'ultérieurement, cela puisse et doive conduire à la compréhension du message lui-même et de sa rationalité propre – celle qui fait cause et objet de la communication –, cela va de soi, mais au cours de l'approche, dans l'abord qui en est proposé, il est non moins rationnel, selon l'ordre de la rationalité des rapports entre les hommes, qu'intervienne dans le jeu le « moi » de celui qui parle (ou écrit). Je ne doute pas d'ailleurs qu'il doive s'y retrouver finalement – même s'il a pu s'occulter un temps, celui de la compréhension proprement dite du message par celui à qui il s'adresse –, pour initier un autre débat sur les bases de l'acquis de ce qui fut communiqué, cette fois.

SYLLOGISME

6/2/1983

1.

Dans le syllogisme classique :

(S_1) - tous les hommes sont mortels
- or Socrate est un homme
- donc Socrate est mortel,

on peut s'étonner : sa structure se présente selon le schème :

(S_1) bRc (b : hommes, c : mortel , R « est », « a la propriété de »)
or aRb
donc aRc

Il semblerait pourtant que la propriété de transitivité, plus économique en quelque sorte, soit mieux mise en évidence selon le schème :

(S_2) aRb (Socrate est un homme, les hommes sont mortels, donc Socrate est mortel)
bRc
donc aRc
a¦R¦b b¦Rc $\Rightarrow$ aRc par contiguïté de b.

Socrate serait-il immortel (aRč) ?

En fait, le syllogisme (S_1) ne se pose pas d'emblée : il constitue une réponse à cette question informulée qui en sous-tend la structure : *Socrate serait-il immortel (aRč) ?* C'est cette nature de réponse, antagonique à la question, non posée, qui filtre avec le « or » (adversatif).

De ce fait voit-on apparaître comme un ensemble « miroir » de l'ensemble préconstruit que suppose la question même (on sait bien, d'abord, que Socrate est un homme, car Socrate est le donné comme tel de la proposition, et qu'à ce titre il fait partie des hommes qui sont mortels).

Le préconstruit (S_2) engendre en quelque sorte la question à laquelle répond le syllogisme (S_1) ; mais ce qui, du fait de la continuité du préconstruit – la pensée même – de S_2 permet la simple transitivité, par contamination pourrait-on dire, a besoin, de par l'effet de miroir d'une part, de discontinuité d'autre part du fait de la nécessaire articulation impliquée par l'énoncé propositionnel, de s'agencer selon le schème (S_1), où l'indépendance des propositions est soulignée par la copule qui sépare autant qu'elle relie (« or »), aux fins d'articuler.

Soit donc le schéma :

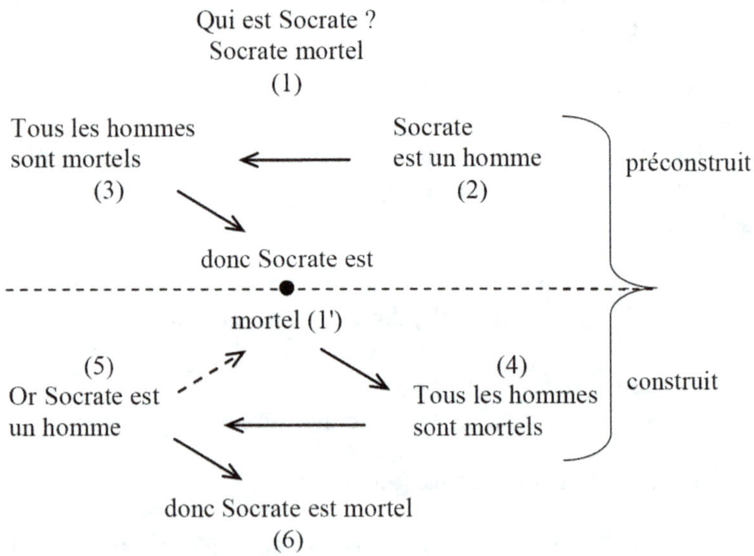

La position (5) (mineure), du fait même de cet « or » qui la situe en relation avec un énoncé qui précède, pour un énoncé qui doit suivre, est comme en position de secondarité par rapport à la position (4) majeure), qui se donne comme assertion générale soumise à aucune autre limitation que sa propre pertinence : (4) porte sur un tout, c'est une extension qui a partout son lieu, mais son sens conjoncturel, elle ne le trouve que dans l'énoncé de (5) (la partie pertinente), qui lui révèle ce pour quoi elle fut proférée ; mais (5) ne saurait subsister pour elle-même si, immédiatement, il n'est pas fait allusion à la conclusion qui s'ensuit (6), qui d'ailleurs correspond en miroir à la réponse (1′) de la question (1).

La question (1) ouvre sur un champ qui n'est pas celui de la logique des propositions (le point d'interrogation « ? ») ; elle ne trouve à se retranscrire que dans la réponse (1′), qui donne sens à ce que (2) et (3), initiés par (1), trouvent à se conclure dans l'assertion (et non plus dans l'interrogation). En cela, (1′) fait source implicite (la réponse préconstruite) au syllogisme énoncé lui-même (4) (5) (6), évoquant une question hors-champ et induisant une structure-fille de ce qu'une structure-mère (2), (3), (1′) ait dû déjà répondre à ce hors champ.

Plusieurs remarques donc :

- le syllogisme (4) (5) (6) introduit en image, dans la discontinuité du discursif, ce qui se jouait de réponse (2), (3), (1′), dans le continu du pensé, à une question à la limite du champ (1).

- La majeure (4) du syllogisme, ce qui a trait au général, retranscrit le second terme du schéma (2), alors que la mineure (5), qui fait allusion à une restriction, correspond au premier terme de ce schéma.

Entre les deux schémas, il se souligne le contraste :

pour S_2 : concentré (2) expansion (3) conclusion (1′)

pour S_1: Général (4) Limité (2) conclusion (6).

- On constate simultanément que la démarche de droite (2), (4), (6) reproduit la démarche préconstruite du haut (2), (3), (1′), où joue l'effet de transitivité par contiguïté, alors que celle de gauche (3) (5) (6) reproduit la démarche construite du bas.

(Malheureusement pour Socrate, la conclusion est toujours la même, s'il voulait s'échapper, il lui faudrait crever le plafond en (1')).

Si nous nous attardons un instant sur la position (5), on soulignera

- qu'elle reproduit en termes de restriction finale ce qui s'initie en termes d'expansion en (2),

- qu'elle se situe en correspondance à la fois avec (4) et avec (3), mais que (3) n'est qu'en allusion – au-delà des limites du bas – dans (5), alors que dans les faits, il faut bel et bien (4) comme condition de possibilité de (5), en tant que mineure du syllogisme.

J'ajouterai une indication : la conclusion dit ce qu'est Socrate ; mais ce par quoi il est passé pour l'être a disparu (la qualification d'homme) et c'est pourtant ce qu'il y a de commun aux prémisses (qui fait d'ailleurs que la transitivité opère en S_2 et qui permet de passer de la propriété du tout à celle de la partie en S_1).

D'où cette conclusion, que ce que l'on déduit d'un syllogisme met en rapport ce qui n'est pas commun aux prémisses (soit un énoncé complètement nouveau), grâce à la disparition de ce qui leur est commun (et qui a donc permis leur rapprochement et leur union, d'où la déduction fut rendue possible).

La scène primitive sera toujours cachée dans l'engendré, bien qu'il en soit le fruit et qu'il conjoigne les spécificités de ses géniteurs !

6/2/1983

2.

Toute antériorité se présente d'abord comme duelle : le dessein et son exécution, qui, de par leur conjonction, aboutirent à l'actuel.

Pourtant rien de distinct entre ce qui anime l'un ou l'autre : il ne s'agit que de modalités particulières de ce qui constitue cette dualité comme ensemble, au sens où elle lui permet de se conjoindre : l'incommensurable en quelque sorte, dont procède elle-même cette antériorité duelle.

Une causalité donc, qui procède d'une duplication causale : celle qui fait source et celle qui fait sens ou encore le lieu de l'origine et celui qui fait qu'origine il y ait mais qui, lui-même, ne saurait se dévoiler sans que s'y ouvre le lieu d'une origine ; et à cette duplication causale, la racine de ce qu'une causalité opère et qui, en cela, excède de partout les modalités et opérations de cette causalité.

Vient alors, comme connaissance, l'immédiateté de la première intuition : ce court-circuit entre le recueil des causes et celui des effets dont elles sont potentialités, ce qui s'offre en un élan incalculé ; puis le positionnement ; ce qui se formule rigoureusement des rapports entre causes et effets bien sûr, mais aussi entre causes originaires elles-mêmes, celles qui ont permis à l'intuition de jaillir mais celles également qui règlent strictement le fait qu'un jugement puisse être et soit porté sur ce qu'il en est de ce à quoi l'on est parvenu : être soi-même sous la modalité de l'effet pour une cause qui vous traverse.

On y retrouvera, plus tard et à un autre niveau, le déterminisme lui-même en ses démarches déductives, immergées dans la durée d'une temporalité irréversible qu'on lui associe généralement.

6/2/1983

3. « Père et mère »

Dans l'engendrement, on repèrera ce qui se transmet – avec la volonté de transmission qui l'accompagne (un rapport d'inclusion à l'originarité en quelque sorte) – et le mouvement par lequel cet engendrement s'effectue, le d'où cela procède, dans la dynamique enclenchée (ce qui de l'originarité s'exprime de désignation dans la séparation, ou mieux, dans la mise au jour). Dans cette distinction, on n'indique pas deux desseins irréductibles ou deux enjeux spécifiés chacun, mais plutôt deux moments, deux fonctions de cet enjeu que constitue l'engendrement comme allusion à ce projet d'engendrer. C'est l'effectuation de ce projet qui nécessite le rapprochement des géniteurs et qui, en même temps, en constitue l'effet, le signe de ce rapprochement réussi.

L'engendré se constitue donc dans une double référence : l'origine dont il procède et le ce pour quoi il est né. Mais son existence se retraduit, pour lui, dans une double expérience : l'immédiateté sans limite du don qui lui est fait (le don comme tel ; pour qui ? Pour lui, précisément ; transposition à son échelle du dessein qui anima le fait qu'engendrement il y eut) et, en même temps, la désignation objective et distanciée des géniteurs eux-mêmes, ceux à partir de qui il est en mesure de spécifier sa position dans une évaluation qui suppose un jugement ; une quantification, presque, en ce que le don lui-même est rapportable à une source, et donc en ce qu'il implique d'agents (retranscription pour lui de ce qu'une effectuation a eu lieu à partir d'un projet, de ce qu'un délai a suivi la spontanéité de l'élan).

N'est-ce pas cette dimension même de l'évaluable et du calculable de l'échange évoqué par le don qui s'exprime en termes d'économie, dès lors qu'il est question des fonctionnements collectifs et sociaux ?

10/4/1982

SYSTÈME

Soit à distinguer, dans un système bi-stable, le *principal* et le *déterminant*. Le principal, c'est l'ensemble des conditions et des contraintes qui spécifient, *de fait*, le système comme tel (c'est-à-dire comme bi-stable par exemple avec un état intermédiaire d'équilibre instable ou faiblement métastable (voir schéma ci-dessous) :

(telle la carte contrainte de chaque côté par une force croissante, ou constante si elle est suffisante).

Le système étant *ainsi* défini, le « déterminant », ce peut être l'infime fluctuation qui amène ce système dans un des deux états stables proposés.

Sans la fluctuation, certes, le système ne saurait évoluer, mais il est préparé : en cela la fluctuation est « déterminante ».

Sans le principal qui caractérise le système, la fluctuation reste simple bruit indéfini, indéterminé et, tout simplement, ou presque, le système *n'existe pas*.

Pour que la fluctuation joue son rôle déterminant, il faut que le système *existe*, et donc que le principal soit acquis ; mais pour que le basculement se fasse, une fois acquis ce principal, il y faut, secondairement, cette fluctuation.

T

1/11/1981

TEMPS

Temps : « espace » où s'inscrivent les effets de causes atemporelles ; dimension *constituée* de ce qu'il *existe* des effets à des causes dont elle n'est cependant pas le support.

5/7/1983

THOM[26] ET PRIGOGINE[27]

Si l'on oublie un instant le contenu proprement scientifique et certains aspects plus spécifiquement idéologiques du débat entre Thom et Prigogine si même on laisse de côté la strate philosophique de la controverse autour du déterminisme et de la causalité, des probabilités et des fluctuations, pour tenter de dégager une racine plus profonde encore qui sous-tendrait la confrontation, on est renvoyé à des positions constitutives concernant les représentations associées aux structures de l'espace et du temps et aux paradigmes respectifs que génèrent ces représentations.

C'est l'objet de ce texte que d'essayer de caractériser, même schématiquement, ces représentations sous-jacentes, dans l'espoir de clarifier les données de la réflexion et de la discussion qui se développent autour de ce débat, et, peut-être, d'éviter de les faire porter sur un terrain par trop favorable aux malentendus, comme il me semble que cela a souvent été le cas.

Je me permettrai donc de caricaturer quelque peu des démarches ou des prises de position dont il m'apparaît qu'elles dessinent la trace d'un dispositif constamment à l'œuvre, même

---

[26] René Thom (1923-2002) : l'un des plus grands mathématiciens et épistémologues français (notamment par son approche multidisciplinaire des problématiques). Il fut le fondateur de la « Théorie des Catastrophes ». Il reçut la Médaille Fields en 1958 (DB).

[27] Ilya Prigogine : Physicien et chimiste belge, d'origine russe, de premier plan. Il a reçu le prix Nobel de chimie en 1977. Son champ de recherche a été principalement l'irréversibilité des phénomènes temporels caractéristiques de la thermodynamique (non-linéaire). Francis Bailly a travaillé un an dans son laboratoire à Bruxelles (DB).

s'il demeure implicite, en vue, précisément, de déterminer s'il existe vraiment et, dans ce cas, de le mettre en lumière.

En forçant le trait, j'irai donc attribuer à la pensée de Thom les présupposés principaux suivants :

Il existe un espace-temps *a priori*, objet d'une intuition première et *dans* lequel s'inscrivent les phénomènes ; un ensemble spatio-temporel préexistant aux événements et qui constitue leur lieu.

Cet espace-temps est donc d'abord topologique ; il accueille les formes qui, en retour, contribuent à le structurer.

La prévalence y est accordée au modèle d'espace où s'inscrivent ces formes, et le temps s'atteint secondairement, à travers cette intuition spatiale ; il en résulte que les propriétés de cette dimension temporelle ont tendance à correspondre plutôt à celles de l'espace : une sorte de réversibilité intrinsèque conférée aux phénomènes, dont le support théorique se trouve dans les relations de la dynamique. Les topologies ne sont en elles-mêmes affectées d'aucune échelle de temps qui leur soit propre (pas plus que d'une métrique particulière) ; en cela, elles ne sont pas évolutives, au sens d'une cinétique dont elles seraient intrinsèquement le siège : elles n'ont pas d'âge, ni d'histoire, même si on peut abstraitement les parcourir en faisant varier, de l'extérieur, les paramètres qui en contrôlent la stabilité morphologique.

Le temps naturel qui pourrait leur être associé est donc soit celui de la répétition périodique, soit celui, parfaitement indifférencié, du mouvement galiléen (ou de la relativité, peu importe : ce qui importe, c'est son extériorité radicale, son insensibilité au phénomène lui-même), tels qu'ils dérivent tous deux d'une dynamique générale bien définie.

En ce sens, le changement n'est pas associé au rapport à un référentiel spatio-temporel naturel, qui ne fait que l'enregistrer, mais bien au passage « arbitraire » (évolution dans l'espace des paramètres de contrôle), et en cela contrôlé ; d'une forme stable à une autre (catastrophe au voisinage d'un point critique par exemple) : le référentiel induisant la catastrophe est abstrait et précisément défini ; d'une certaine façon, il n'est pas physique.

Les métaphores et analogies sensibles seront alors préférentiellement rapportées au *visuel*, en relation avec la stabilité (ou l'éventuelle instabilité) de formes inscrites qui illustrent concrètement ces démarches abstraites.

L'enchaînement logique, quant à lui, se trouvera parfaitement et complètement référencié, assignable et défini, se déployant dans un espace comparable à celui auquel se trouvent associés les phénomènes, aussi « neutre » et objectif que celui-ci peut l'être. Les enchaînements causaux seront donc bien déterminés, et on représentera leurs « propagations » de façon dominante par contiguïté et associations d'éléments essentiellement *locaux* dans leurs spécifications comme dans leurs interactions.

En contraste, on soulignera chez Prigogine (comme ce fut peut-être le cas chez Einstein) l'implicite de présupposés bien différents :

l'espace-temps n'est pas à proprement parler un « donné » premier, par rapport auquel s'effectue l'opération de repérage, il serait plutôt co-extensif aux phénomènes eux-mêmes qui le produisent, tout autant qu'ils y prennent place ; d'une certaine manière, ils sont indissociables les uns des autres et s'interroger sur les uns, c'est aussi s'interroger sur les autres.

Du fait que ces phénomènes sont saisis à travers les changements qu'ils expriment ou dont ils sont le siège, le temps jouera un rôle déterminant (on « temporalisera » l'espace et l'on ira jusqu'à désigner une irréversibilité intrinsèque – et non plus dérivée –) ; en même temps, événements et métrique seront étroitement associés et notamment des durées, des âges, une histoire des phénomènes pourront, devront, pour leur compréhension, être définis, expression de leur caractère évolutif, de leur cinétique propre. C'est alors la réversibilité, le périodique, qui paraîtront comme cas particulier, idéalisation d'une situation où, « normalement », événements et référentiels se coproduisent mutuellement et ne sauraient être découplés.

Analogies et métaphores s'appuieront beaucoup plus sur des allusions *auditives*, le flux du discours, le déroulement d'une musique, qui génèrent leurs propres lieux au fur et à mesure de leur développement, au fil de leur rythme propre, qui induit à la fois le temps de leur expression et celui de leur compréhension. Cette compréhension elle-même ne sera plus celle d'une appréhension instantanée et locale, comme pour l'aperception visuelle des formes, mais nécessitera une sommation, une totalisation d'un flux temporel qui en fera la conséquence d'une perspective *globale*, celle d'un sens qui résulte de la formation d'un ensemble dont les éléments ne prennent complètement leurs significations qu'une fois cette globalisation effectuée. L'enchaînement logique et causal lui-même sera donc perçu comme coopérant avec le déroulement de ce sur quoi il porte, et en cela moins strictement déterminé : il participe à une certaine intériorité phénoménale qui, en retour, anime l'abstraction censée la décrire. Il ne trouve sa légitimation et son ampleur que dans l'aboutissement auquel il contribue.

C'est bien évidemment à propos du rapport à la criticité que se marque le plus nettement la différence des approches.

Chez Thom, les situations critiques sont l'objet d'une description morphologique, d'une classification théorique, d'une taxonomie la plus exhaustive possible. Le passage d'une situation critique à une autre correspond à un cheminement précis et bien défini dans l'espace des paramètres ; bifurcations, queues d'aronde[28], etc.... se donnent structurellement et se transforment abstraitement les unes dans les autres, selon des règles strictes, bien caractérisées, et référenciables aux critères

---

[28] *Queue d'aronde* : type de liaison mécanique entre deux pièces (ex. tenon-mortaise). Cette image est utilisée entre autres en Physique et en Mathématiques (notamment dans la théorie des catastrophes de Thom) pour caractériser un type d'assemblage particulier.

de stabilité structurelle ; élaboration d'une sorte de tableau de Mendeleieff de la criticité, dont les rapports entre les cases seraient formels.

Chez Prigogine – ou plutôt à certains égards chez Nicolis[29]–, c'est bien plus la dynamique de la transition d'une part et la cascade de situations critiques pouvant présider à l'élaboration de structures d'autre part, qui sont mises en scène. Les transformations se produisent de façon évolutive dans l'espace physique et l'accent est mis sur leur sensibilité aux conditions imposées de cet espace, inépuisable dans ses manifestations, difficilement prévisible dans ses formes d'existence. S'il fallait filer jusque-là la métaphore, on dirait qu'on concentre son attention moins sur les cases du tableau dans leurs rapports que sur les transmutations « spontanées » ou provoquées, dont les éléments qui les occupent peuvent être le siège et qui nous conduisent à passer – bon gré, mal gré – d'une case à une autre !

(L'image n'est pas si mauvaise : la radioactivité naturelle n'illustre-t-elle pas à merveille l'idée d'une irréversibilité intrinsèque ?).

---

[29] Stam Nicolis, physicien ayant notamment travaillé sur la discrétisation de l'Espace-Temps (DB).

V

25/1/1981

VÉRITÉ

1.

Le savoir pour sa part prétend établir un rapport privilégié à la Vérité, ou au moins à une vérité, et ce rapport est censé être résumé tout entier dans le discours du savoir.

Mais quelle vérité peut être dite sur un objet découpé dans le réel par la pensée ? Quelle vérité qui ne serait pas celle de tout le réel ?

Que la vérité, même parcellaire si cela est possible, ne soit pas toute dans la cohérence du discours, dès lors que cette cohérence même n'est pas l'objet dont on parle, cela paraît, à l'évidence, des discours cohérents sur des objets aberrants.

Que de la vérité, même parcellaire, puisse être contenue dans un discours qui ne serait pas du pur algorithmique, cela se perçoit à travers l'expression poétique par exemple.

Si donc l'on admet que du parcellaire, du limité, du non-total, du non-global, puisse se dire, en fait de vérité, c'est que l'on sent – que l'on a appris par expérience – qu'il peut y avoir adéquation d'une parole à son objet, si découpé qu'il soit, si incomplète qu'elle paraisse.

Dans l'opération qui isole, qui sépare l'objet pour en faire un objet d'étude, de connaissance, se perd, curieusement peut-être, sa capacité à être totalement rationnel, alors même que cette opération est effectuée pour le faire accéder à la possibilité d'être le support d'un discours rationnel (jolie contradiction en ce point !) ; du coup il devient susceptible de nourrir un discours de vérité, le concernant, qui parle à côté de la raison :

tout objet ainsi spécifié en isolement peut être à juste titre le lieu d'une science, d'une poésie, voire d'un délire.

D'où l'inépuisabilité de la valeur de vérité possible sur un objet – lui-même suspect pourtant – et qui n'est pas affaire de dosage.

Que cela soit possible et envisageable tient donc à la fois aux flous concomitants de l'objet et du discours et à l'existence de limites, ne coïncidant pas nécessairement, pour l'un et pour l'autre ; ce qui fait que l'on peut parler « en vérité » pour une part tient alors autant aux limites de l'objet qu'à celles du discours et en même temps à leurs incomplétudes respectives.

Le point de vue scientifique valorise à l'extrême le discours analytique, logico-déductif et formalisant sur les objets les plus nettement spécifiés qu'il soit possible et doit donc se trouver – logiquement ! – le lieu d'une intense contradiction, quand bien même il s'obstinerait à ne vouloir retenir de l'objet que la facette qui est le prétexte et l'occasion d'un tel discours : quelque chose est toujours en fuite du point de vue de la science ; elle ne saurait donc jamais se tenir pour achevée, soit qu'elle tente de colmater la fuite par une refonte conceptuelle, soit qu'elle doive modifier l'objet même de son application (et qu'elle donne ainsi l'impression de produire des théories incommensurables entre elles !). Cela ne met d'ailleurs nullement en cause *et* le contenu de vérité *et* le caractère opératoire de ce contenu, quant à cette facette particulière de l'objet : ça marche ; mais, bien sûr, tout n'y est pas.

2. Contre l'opinion qu'il n'existe, en Physique, que des vérités approximatives

La loi de Newton (F=g mm′)

$$\overline{}$$

2_2

par exemple n'exprime pas une vérité qui ne serait qu'approchée (et dont une meilleure approximation serait fournie par les potentiels retardés ou par la relativité). Du point de vue de la force de pesanteur, du point de vue des masses, du produit de l'attraction selon l'inverse du carré de la distance, cette loi est totalement vraie parce qu'elle est conceptuellement vraie.

Numériquement, il se peut qu'elle ne fournisse que des valeurs approchées et qu'en cela, elle ne soit pas *exacte* ; mais ce n'est que d'un point de vue instrumentaliste qu'on pourrait en inférer qu'elle ne soit pas vraie. Du point de vue des concepts qu'elle met en scène, il n'y a aucun doute. Évidemment, si l'on se situe du point de vue d'un concept différent, qu'elle-même ne fait pas intervenir mais dont elle peut suggérer le questionnement, celui de l'instantanéité d'une action à distance, par exemple, cette loi n'est plus vraie du tout ; elle n'est pas approchée non plus, elle est tout simplement fausse (et d'ailleurs le temps n'y apparaît pas).

De même, du point de vue des concepts qu'elle fait intervenir, la relativité – fût-elle restreinte – est totalement vraie, même si certains de ses résultats peuvent se révéler inexacts, mais il apparaît que du point de vue de certains concepts utilisés et pertinents en mécanique quantique, cette théorie est fausse, simplement.

L'hypothèse scientifique, qui permet à la connaissance scientifique de progresser et de développer son champ de compréhension, son hypothèse heuristique fondamentale, consiste à postuler que l'on peut énoncer des lois vraies, totalement, de points de vue conceptuels de plus en plus variés et nombreux (jusqu'à l'asymptote d'une loi qui serait vraie à partir de tous les points de vue possibles…?). Là se situe le moteur de la dynamique des refontes et ruptures conceptuelles et paradigmatiques.

7/8/1981

3. Vérité, Réalité

Soit la question de la vérité : cela équivaut-il « vraiment » au dévoilement de la Réalité ?

Vérité : il n'y a pas de verbe correspondant à ce concept : on peut dire vrai, penser vrai, agir selon la vérité, mais peut-on *« vériter »* au sens tout à la fois d'être, de produire, de résonner avec la vérité (comme on peut « libérer » avec la Liberté). Vérifier, ce n'est qu'un « après coup » : le test d'une correspondance avec ce qui est *déjà* produit ou agi. Dévoiler serait-il le tenant-lieu d'un tel verbe ? Même s'il ne s'agit que d'un secteur de localité, d'un moment de durée. Acceptons-le pour l'instant.

Alors, du même coup, on accepte cette restriction quant à l'opératoire : on n'opère pas sur le Vrai, on n'opère que pour le dévoiler.

Pour ce faire, nous sommes situés dans le champ complexe constitué par une double polarité : celle de l'intuition et celle du logico-déductif ; un rapport à l'immédiateté du dévoilement et à l'appréhension concomitante du vrai, et un rapport à la démarche selon un système rigoureux et strict de médiations. (La Rationalité n'est absente ni de l'une ni de l'autre, mais elle s'y exprime de façon radicalement différente, selon tel pôle ou tel autre).

Bien sûr, il est très rare que quelque dévoilement soit effectué dans la pureté absolue d'une polarité unique ; c'est d'un champ intermédiaire qu'il s'agit, la plupart du temps, en nos opérations, un champ dans lequel nous utilisons tour à tour la dynamique des deux pôles selon notre constitution propre.

Au fond, c'est le lieu d'un opératoire nouveau ainsi engendré : celui de l'Astuce, celui de la Ruse.

Ruser avec le Réel pour le dévoiler en sa Vérité, n'est-ce pas là que pourrait se situer un lieu de la compréhension (entre l'aperception et la « formalisation ») ? C'est proprement introduire une dimension nouvelle entre l'instantanéité et le successif : la durée du Jeu.

Jouer à déjouer ce qui masque la Réalité ou la trahit, tel est peut-être le fondement de notre rapport avec la Vérité ; l'enjeu n'en est pas mince : c'est de vie qu'il s'agit.

L'Astuce, ce serait « intuiter » du local, du « micro », pour l'agencer selon un tâtonnement qui serait homogène à tous ces mini-lieux, en permettant ainsi de les relier dans le pluridimensionnel, sans que cependant la référence à l'immédiateté soit perdue ; ce serait sentir les articulations compatibles avec les éléments, au plus près de ce qu'ils sont et pourtant en sachant les coalescer en unités plus importantes.

La Ruse, ce serait utiliser le dynamisme, pas forcément connu, mais perçu, d'un lieu, d'un moment d'apparence, dans ce qu'ils ont d'inauthentique, même pour en subvertir le procès et l'état, et faire jouer à ce dynamisme de masquage un rôle d'effaçage en vue du dévoilement : l'association de la technique du « judo » à celle du caméléon, selon une finalité encore tue, en somme.

15/10/1983

4.

Répétons : ce qui importe, c'est l'exactitude des rapports entre concepts considérés (et dont il est admis qu'ils sont fondés, au moins momentanément) et non celle des nombres que l'on peut en extraire (dans certaines limites, évidemment : celles qui permettent de ne pas réfuter expérimentalement la théorie ou la loi proposée), à condition de se situer exclusivement du point de vue de ces concepts. Le rapprochement avec des concepts ou des ensembles conceptuels différents peut falsifier la loi *relativement* à ces derniers, sans pour autant la falsifier relativement aux premiers. C'est la démarche scientifique que de dégager alors des lois vraies, relativement à la réunion des deux ensembles (quitte éventuellement à en modifier le contenu référentiel).

8/8/1981

5.

Savoir utiliser ce qui masque pour révéler telle facette, tout en sachant très bien, aussi, que, ce faisant, une autre facette, elle-même, s'en trouve masquée ? C'est un peu triste, mais du moins l'histoire est passée là et il nous reste de l'avoir pu contempler : un souvenir qui demeure, homogène à ce qui est devenu à son tour, quelque temps, présent.

L'astuce de l'astuce, la ruse de la ruse, ne consisteraient-elles pas, alors, à parvenir à trouver le bon rythme ? Celui qui, malgré l'incomplétude, permet d'user de la mémoire <u>et</u> de la présence pour faire allusion à ce que serait le dévoilement lui-même ; trouver le rythme, pas forcément régulier, qui opérerait ici comme opère, *mutatis mutandis*, la persistance rétinienne qui restitue la continuité là où, en fait, ne se donne que du discontinu.

Ce serait en quelque sorte subvertir et inverser la Rémanence qui, habituellement, serait plutôt investie de la négativité d'une méconnaissance, en ce qu'elle véhicule de l'encore inachevé, du toujours voilé.

L'au-delà du jeu de cache-cache comme désignation de ce qui, en l'un et en l'autre, est commun : non seulement la règle du jeu, non seulement le fait qu'on le joue, mais aussi cette visée de, mutuellement, se trouver.

FIN

Sciences

aux éditions L'Harmattan

Dernières parutions

LE VÉGÉTAL DANS L'INDUSTRIE CHIMIQUE
Stratégies et développement
Szydlowski Léa – Préface de Claude Roy
Avec le concours du CLUB des bio-économistes et de l'Association Chimie du Végétal
L'industrie chimique utilise essentiellement le pétrole et le gaz comme matières premières. Quelle autre ressource, riche en carbone, permet de venir en renfort de la chimie ? Le végétal. Renouvelable, productible localement, moins polluant, il est bien perçu par le consommateur et riche en propriétés inédites capables de créer des produits innovants à forte valeur ajoutée. Cet ouvrage présente les stratégies mises en place pour introduire la chimie du végétal dans le paysage industriel.
(Coll. Développement durable, 19.00 euros, 182 p.)
ISBN : 978-2-343-12870-2, ISBN EBOOK : 978-2-14-005288-0

LES ILLUSIONS D'OPTIQUE
Une introduction à la pensée quantique du quotidien
Bolot Xavier
Nous observons dans nos pensées des hésitations, des oscillations entre des vues diverses, des superpositions de sentiments, des intrications d'influences, des incertitudes de variables observées, de même que des intentions et des actions hors de toute logique. Ces schémas mentaux sont connus grâce à la physique quantique. Ils sont également là quand nous voulons comprendre la complexité des domaines dans lesquels nous sommes immergés, par exemple en illusions d'optique, arts, physique, etc., qui semblent liés aux structures neuronales. Nos découvertes révéleraient les schémas inconscients du traitement de nos perceptions.
(Coll. Pour Comprendre, 20.50 euros, 188 p.)
ISBN : 978-2-343-13164-1, ISBN EBOOK : 978-2-14-005083-1

VOLCANOLOGUE
Bardintzeff Jacques-Marie
En retraçant l'expérience réussie de sa vocation scientifique, l'auteur nous offre également, dans ce livre tout en couleurs et très illustré, une véritable initiation à la géologie et la volcanologie. Dans son récit, il nous révèle les réalités d'un métier hors du commun qui suscite des vocations autant qu'il continue de soulever des

passions. Cet ouvrage permet de le suivre dans le feu de l'action, au fil d'un texte illustré de plus de 150 photographies et enrichi de 19 encadrés portant sur le volcanisme et les sciences de la Terre (illustré de plus de 150 photographies et en couleurs).
(25.00 euros, 176 p.)
ISBN : 978-2-343-12326-4, ISBN EBOOK : 978-2-14-004519-6

DRAGONS FURIEUX
Les avions spatiaux chinois
Coué Philippe
Les prochaines navettes spatiales pourraient être chinoises ! Pendant longtemps, la Chine se bornait à mettre sur orbite des satellites. La technique s'est perfectionnée et a élevé les ambitions de l'empire du Milieu jusqu'au lancement de ses premiers cosmonautes et sondes d'exploration. Les ingénieurs chinois réussiront-ils à surmonter les obstacles techniques sur lesquels buttent encore leurs collègues des autres puissances spatiales ? L'aérospatiale chinoise pourrait bientôt aboutir à des réalisations concrètes tant civiles que militaires.
(Coll. Penser le temps présent, 22.00 euros, 214 p.)
ISBN : 978-2-343-12112-3, ISBN EBOOK : 978-2-14-004461-8

ONTOGÉNÈSE ET VARIATIONS GÉNÉTIQUES DE L'ARCHITECTURE DU SYSTÈME RACINAIRE DES MONO ET DICOTYLÉDONES MODÈLES
Varin Sébastien
Dans un contexte de changements globaux mondiaux, les plantes modèles sont prévues pour servir comme aide importante dans la compréhension du développement, de mécanismes de communications, de la production d'énergies, biocarburants, matériaux, aliments à partir des plantes. Interface biologique majeure au rôle clef dans un grand nombre de processus et en raison de sa sensibilité à l'environnement, le système racinaire sera présenté puisqu'il démontre une plasticité considérable mais contrainte génétiquement. Cette synthèse correspond au deuxième point d'une étude constituée de quatre tomes.
(26.50 euros, 254 p.)
ISBN : 978-2-343-10045-6, ISBN EBOOK : 978-2-14-003146-5

PLASTICITÉ ET INSTABILITÉ DÉVELOPPEMENTALE
Concept en biologie – Exemple des végétaux
Varin Sébastien
La plasticité est une idée introduite par Woltereck en 1909, juste après la séparation conceptuelle du génotype et du phénotype par Johannsen. Depuis, le caractère plastique des traits et le caractère évolutif du phénomène de plasticité ont été négligés. Or, Darwin l'avait prédit en signalant qu'il n'avait pas suffisamment insisté sur le rôle de l'environnement dans sa théorie de l'évolution. Cette étude est basée sur une rétrospective clarifiée du concept de Plasticité dans le monde animal et végétal. Cette synthèse correspond au premier point d'une étude constituée de quatre tomes.
(30.00 euros, 290 p.)
ISBN : 978-2-343-10046-3, ISBN EBOOK : 978-2-14-003147-2

IMPLICATION DES BACTÉRIES SOLVANTOGÈNES ET RHIZOBACTÉRIES ÉMETTRICES DE COV DANS LES CHANGEMENTS GLOBAUX ET LA PLASTICITÉ

Varin Sébastien

Les composés organiques volatils participent à des phénomènes perturbant les équilibres de l'atmosphère et contribuent aux changements globaux. Ils sont surtout émis par les sources biogènes. Ce livre est le quatrième point d'une étude composée de quatre tomes. Il s'intègre parfaitement dans une optique philosophique de biomimétisme. Il présente : les connaissances actuelles des échanges d'informations médié par des volatils entre les bactéries, les plantes et mammifères comme l'homme, et enfin, les perspectives techniques du concept de Plasticité des organismes dans ce contexte de changements globaux.

(45.00 euros, 542 p.)

ISBN : 978-2-343-10043-2, ISBN EBOOK : 978-2-14-003264-6

RHIZOBACTÉRIES ET PGPR ÉMETTRICES DE COMPOSÉS ORGANIQUES VOLATILS ET IMPLICATION PERMACULTURALE-AGRO-ÉCOLOGIQUE

Varin Sébastien

Les systèmes agricoles durables (biodynamie, agroforesterie, agroécologie et permaculture) reposent sur une cohérence milieu-système très forte, où le contexte pédoclimatique a une grande importance. L'équilibre de ce milieu vivant et complexe dépend de celui des hommes, des animaux, des plantes et des micro-organismes du sol. Ces derniers représentent une importante part de la biodiversité de la planète. C'est à ce compartiment vivant et aux effets des rhizobactéries sur la plasticité des plantes, qu'est consacré ce livre correspondant au troisième point d'une étude constituée de quatre tomes.

(35.50 euros, 344 p.)

ISBN : 978-2-343-10044-9, ISBN EBOOK : 978-2-14-003265-3

BAROMÈTRES, MACHINES PNEUMATIQUES ET THERMOMÈTRES

Chez et autour de Pascal, d'Amontons et de Réaumur

Locqueneux Robert

Cet ouvrage présente à la fois une histoire et une anthologie des travaux de quelques physiciens qui ont conçu et fabriqué des baromètres, des machines à vide et des thermomètres, instruments qui, en leur temps (XVIe et XVIIIe siècles), furent des inventions nouvelles. Les travaux de trois auteurs sont privilégiés : Pascal, Amontons et Réaumur avec une remise en contexte de leurs ouvrages, des événements qui les motivent, des travaux qui les inspirent, des questions qu'ils se posent et des phénomènes qu'ils veulent interpréter.

(Coll. Acteurs de la Science, 21.00 euros, 204 p.)

ISBN : 978-2-343-04995-3, ISBN EBOOK : 978-2-336-37182-5

CE MONDE QUI VIENT

Sciences, matérialisme et posthumanisme au XXIe siècle

Basquiat Jean-Paul - Préface de Paul Basquiat

Le monde qui vient sera ce que nous en ferons. Encore faut-il avoir le courage de regarder l'avenir en face. C'est à cet effort salutaire que cet opuscule invite

le lecteur. Appuyé sur les recherches les plus pointues, il propose de décrypter sous tous ses aspects le monde nouveau porté par l'évolution des sciences et des techniques.
(Coll. Questions contemporaines, 10.00 euros, 66 p.)
ISBN : 978-2-343-05055-3, ISBN EBOOK : 978-2-336-36475-9

MANUEL DES PROBABILITÉS OU MATHÉMATIQUES DE L'INCERTAIN
Laloire Jean-Claude - Préface de Michel Delecroix
Ce manuel présente les aspects pratiques de l'analyse des données et les aspects théoriques des probabilités. Cela permet à la fois de comprendre les phénomènes observés, d'en déduire une prévision et ainsi de se projeter vers l'avenir avec un maximum de sécurité. Les méthodes proposées s'appliquent aussi bien aux sciences humaines qu'aux sciences biologiques et médicales et sont mises en pratique à l'aide de nombreux exercices corrigés.
(48.00 euros, 504 p.)
ISBN : 978-2-343-04627-3, ISBN EBOOK : 978-2-336-36043-0

MILLE ANS D'ASTRONOMIE ET DE GÉOPHYSIQUE
D'Aristote au haut Moyen Âge
De Felice Pierre
Le ciel et la terre sont observés depuis la plus haute antiquité. Ne disposant pas d'instruments de mesure appropriés, les hommes proposent des explications incluant l'action divine ou s'en affranchissant. D'Aristote (IVe siècle avant J.-C.) jusqu'à Isidore de Séville (VIe-VIIe siècles après J.-C.), les auteurs grec, latin, médiéval ont compilé et décrit les connaissances de leur temps sur les astres, les phénomènes atmosphériques et géophysiques en tentant de démythifier le monde qui les entoure. Ce livre illustre aussi le difficile processus de naissance de la connaissance.
(Coll. Acteurs de la Science, 14.00 euros, 128 p., Illustré en noir et blanc)
ISBN : 978-2-343-03816-2, ISBN EBOOK : 978-2-336-36544-2

LA VALEUR DE L'ESPÈCE
La biodiversité en questions
Lherminier Philippe
Philippe Lherminier est généticien; il propose de s'interroger sans faux-semblant sur la valeur de l'espèce. Que perd-on lorsqu'une espèce s'éteint ? Quelle valeur disparaît ? Il y a de multiples réponses : l'espèce vaut parce qu'elle est utile ou inutile, abondante ou rare, connue ou inconnue, ancienne ou récente, proche ou lointaine, ressemblante ou différente de l'homme, comprise ou mystérieuse.
(Coll. Acteurs de la Science, 13.50 euros, 128 p.)
ISBN : 978-2-343-04141-4, ISBN EBOOK : 978-2-336-35913-7

Structures éditoriales du groupe L'Harmattan

L'Harmattan Italie
Via degli Artisti, 15
10124 Torino
harmattan.italia@gmail.com

L'Harmattan Hongrie
Kossuth l. u. 14-16.
1053 Budapest
harmattan@harmattan.hu

L'Harmattan Sénégal
10 VDN en face Mermoz
BP 45034 Dakar-Fann
senharmattan@gmail.com

L'Harmattan Cameroun
TSINGA/FECAFOOT
BP 11486 Yaoundé
inkoukam@gmail.com

L'Harmattan Burkina Faso
Achille Somé – tengnule@hotmail.fr

L'Harmattan Guinée
Almamya, rue KA 028 OKB Agency
BP 3470 Conakry
harmattanguinee@yahoo.fr

L'Harmattan RDC
185, avenue Nyangwe
Commune de Lingwala – Kinshasa
matangilamusadila@yahoo.fr

L'Harmattan Congo
67, boulevard Denis-Sassou-N'Guesso
BP 2874 Brazzaville
harmattan.congo@yahoo.fr

L'Harmattan Mali
Sirakoro-Meguetana V31
Bamako
syllaka@yahoo.fr

L'Harmattan Togo
Djidjole – Lomé
Maison Amela
face EPP BATOME
ddamela@aol.com

L'Harmattan Côte d'Ivoire
Résidence Karl – Cité des Arts
Abidjan-Cocody
03 BP 1588 Abidjan
espace_harmattan.ci@hotmail.fr

L'Harmattan Algérie
22, rue Moulay-Mohamed
31000 Oran
info2@harmattan-algerie.com

L'Harmattan Maroc
5, rue Ferrane-Kouicha, Talaâ-Elkbira
Chrableyine, Fès-Médine
30000 Fès
harmattan.maroc@gmail.com

Nos librairies en France

Librairie internationale
16, rue des Écoles – 75005 Paris
librairie.internationale@harmattan.fr
01 40 46 79 11
www.librairieharmattan.com

Librairie l'Espace Harmattan
21 bis, rue des Écoles – 75005 Paris
librairie.espace@harmattan.fr
01 43 29 49 42

Lib. sciences humaines & histoire
21, rue des Écoles – 75005 Paris
librairie.sh@harmattan.fr
01 46 34 13 71
www.librairieharmattansh.com

Lib. Méditerranée & Moyen-Orient
7, rue des Carmes – 75005 Paris
librairie.mediterranee@harmattan.fr
01 43 29 71 15

Librairie Le Lucernaire
53, rue Notre-Dame-des-Champs – 75006 Paris
librairie@lucernaire.fr
01 42 22 67 13

www.ingramcontent.com/pod-product-compliance
Lightning Source LLC
LaVergne TN
LVHW011033061026
849535LV00006B/2076